生命機械が未来を変える

次に来るテクノロジー革命「コンバージェンス2.0」の衝撃

スーザン・ホックフィールド
久保尚子 訳

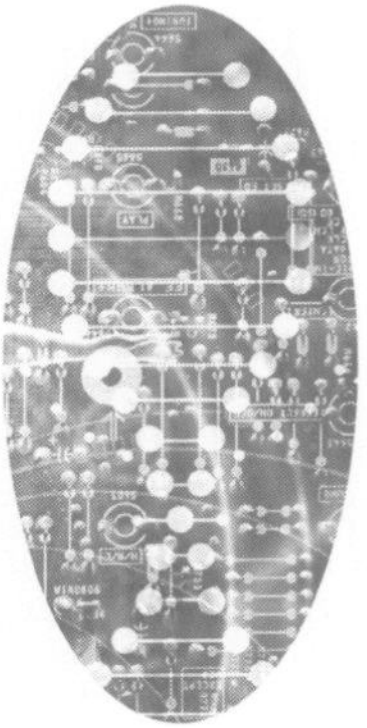

インターシフト

ふたりの変わらぬ愛情と英知と根気に感謝して、トムとエリザベスに捧ぐ。

The Age of Living Machines
How Biology Will Build the Next Technology Revolution
by Susan Hockfield

Illustrations by somersault1824 BVBA

Japanese translation published by arrangement with ICM Partners
through Tuttle-Mori Agency, Inc., Tokyo.

生命機械が未来を変える

次に来るテクノロジー革命「コンバージェンス2.0」の衝撃

【目次】

＊文中、〔　〕は訳者の注記です

はじめに

生物学と工学のコンバージェンス

この20年間、私はイェール大学で学部長と学長を務めたあと、マサチューセッツ工科大学（MIT）でも学長を、それもMIT初の女性学長を務め、科学の未来の展望を特等席から眺めてきた。そこで目にした光景は、息をのむほどの驚きに満ちていた。生物学を基礎とした精巧で独創的な高性能ツールが次々に誕生しようとしている――自己集合して電池を組み上げるウイルス、水を浄化するタンパク質、がんを検出して破壊するナノ粒子、思考を読み取る人工装具、作物の収穫量を増やすコンピューターシステム。

サイエンスフィクション（SF）のように思えるかもしれないが、いずれも現実の話だ。その多くはすでに開発が進んでいる。いずれも発想の源は同じだ。生物学と工学のコンバージェンス（集約）によって変革を起こそうとしている。この本では、そんな変革の物語を紹介する。目を見張るような科学的発見の数々が生物学と工学という二つの大きな潮流を一つに束ね、その流れに乗った先駆的な研究者たちが革新的なツールやテクノロジーを発明して今世紀の私たちの生活を変えようとしている。

人類は新たなツールとテクノロジーを必要としている。現在の世界人口は約76億人だが、2050年には95億人を優に超えると推定されている。燃料、熱源、冷暖房として現在の世界人口を支えるのに必要な電力を賄うために、私たちはすでに地球の気候を今後数世紀にわたって変動させるほど大量の二酸化炭素を大気中に放出してきた。いま私たちは、この事態に対処しようと取り組んでいるところだ。気温も海水面も上昇し、世界中で大勢の人が干ばつ、食料不足、薬剤耐性疾患に苦しんでいる。現行のツールやテクノロジーの機能・規模を単純に拡張するだけでは、世界が直面しているいくつもの手ごわい難問を解決できない。どうすれば、よりクリーンなエネルギーをより大量に生産し、十分な量の清潔な水を供給し、より有効な薬をより低コストで開発し、身体障害者が不自由なく生活できるようにし、地球の生態バランスを崩すことなく、より多くの食料を生産できるようになるのか？　こうした問題には新しい解決策が必要だ。解決策が見つからなければ、私たちは苦渋に満ちた困難な時代を生きることになる。

実は、私たちは過去にも、現在と同じくらい切迫した状況を克服したことがある。1798年、英国の聖職者であり、経済学者であり、人口統計学者でもあったトマス・ロバート・マルサス牧師は、人口の増加は必然的に食料生産量の増加を上回ることに気づいた。著書『人口論』で彼は、自らの分析から導き出された唯一の結末として、広い地域で食料が不足し、戦争が勃発し、病気が蔓延する可能性があると警告した。マルサスによれば、こうした災難の勃発によって人口増加は抑制される——ただし、大勢の人々の死を伴うことになる。「人口増加の圧倒的な勢いを抑え込むには、貧困や混乱を避けて通れない」と彼は書いた。

しかし、マルサスの主張は杞憂に終わった。当時の農業経営者らはすでに、四毛作栽培やこれまでとは異なる栄養源の肥料など、新たなテクノロジーを取り入れていた。このような新テクノロジーは人口増加と食料生産量増加の均衡を根底から変えた。農地の生産効率が高まり、より多くの食料を市場に送り込めるようになった。食料の供給量が増えたことで、英国の人口はマルサスの推定よりも急速に増加し、そのおかげで、産業革命によって高まっていた労働力の需要を満たすことができた。テクノロジーによって推進された19世紀の農業革命は、イノベーションと経済成長に支えられた新しい時代の幕開けにも貢献した。

私たちは今、当時とよく似た瞬間を迎えている。切迫した問題に直面し、惨憺たる未来を眼前に突きつけられている。ここで食い止めなければ世界中の多くの人々が惨状に見舞われることになるが、今の私たちには——まだ——打つ手がない。だが、科学の展望に目を向ければ、驚くほど明るい未来が私には見える。生物学と工学が思いも寄らない形で合流し、そこから生まれた新たな潮流の力で、重大な問題も困難な問題も次々に解決されることだろう。私たちは今、前例のないイノベーションと繁栄の時代に足を踏み入れようとしている。明るい未来の展望を知れば、あなたも心躍らせずにはいられないだろう。

＝1＝ 未来はどこから来るのか

MITの学長に選ばれたわけ

２００４年8月26日、マサチューセッツ工科大学（ＭＩＴ）理事会の早朝会議で、私はＭＩＴの第16代学長に選ばれた。私が選出されたことは、大勢の人を驚かせた。この役職に女性が就任するのは初めてのことだったからだ。歴代の15人の学長が全員男性であったことを思えば大きな変化であり、この事実を多くの人が喧伝した。だが、もしかしたらそれ以上に人々を驚かせたかもしれないことがある。それは、私が生物学者だったことだ。私は大学院時代からの科学者としてのキャリアを脳の物理的、化学的、構造学的発達の解明に捧げてきた。ＭＩＴといえば工学分野で知られた大学だが、私はその分野の専門家ではなかった。生命科学の研究者がこの大学の学長職に就いたことは、これまで一度もなかったのだ。

私が就任した当時、ＭＩＴは世界最高クラスの工学研究機関として正当に高く評価され、国際的に名高い物理学部、化学部、数学部、コンピューター科学部を擁していた。大学創立時に掲げられた「アイデアを実践に移す」というミッションに基づき、学内での発見を有用で市場性のあるテクノロジーに変えていくために、長きにわたって産業界とも協力してきた。また、MITの教授陣と卒業生は、インテル社、アナログ・デバイセズ社、ヒューレット・パッカード社、クアルコム社、TSMC（台湾積体電路製造）社、ボーズ社など、数々の企業を設立している。MITの功績について人々が思い浮かべることと言えば、工学と物理学から生まれた革新的な製品の数々だろう。20世紀にエレクトロニクス（電子工学）とデジタル産業が爆発的な発展を遂げるなかで米国が世界をリードしてこれたのも、そのおかげである。

だからこそ、私が指名されたことに人々は驚いた。大方の予想では、工学技術者かコンピューターサイエンティスト、あるいは物理学者や数学者が選ばれるものと思われていたのだ。しかし実は、第2次世界大戦の終戦以降、MITは分子生物学という新しい研究分野に力を注いできた。私が学長に着任するころには、MITの生物学部は世界最高レベルのプログラムを備えていた。生物学の教授陣のなかには輝かしい発見によってノーベル賞を受賞した人物もいれば、世界トップクラスのバイオテクノロジー企業の起ち上げに関わった人々もいた。

工学と生物学という2つの強みを生かし、新しい形の共同研究も始まっていた。着任して間もないころに私が工学部の学部長から受けた報告によれば、MITの工学部にいる400人近い教員の3分の1は、自身の研究に生物学のツールを使用していた。MITでは、21世紀にはこうした複数分野の融合こそがアイデアを実践に変える刺激的な方法を生み出すものと認識されていた。その観点に立てば、私が学長に選ばれたことにも納得がいく。私たちは、学内だけでなく国際的な学界および産業界のコミュニティにおいて、生物学と工学の統合を促進できる好機をつかんだのだ。

MITを率いるチャンスを与えられた私は、そのことについて真剣に考えないわけにはいかなかった。当時、私はイェール大学の学長として、理学部、医学部、工学部を大幅に拡充させる計画を推し進めていた。そして、その役目を大いに楽しんでいた。拡充計画の中心テーマは、分野を横断した研究を促進するために、学部の構成と建物の設計を見直すことだった。そして、分野を横断した研究の機会を広げようとする私の情熱が、MITの学長選出委員会の関心を引いた。複数分野の集約こそが、未来に向けた無限の可能性を生むことになると、MITの委員会は認識していたのだ。

うまくいく可能性はあるのか？　本当にうまくいくのか？　まったく異なる2つの研究機関のあいだに働く利害関係は、私にとってもMITにとっても大きかった。しかし、ある意味、私のそれまでの人生のすべてが、この新しい任務を受けるための準備だったようにも思えた。結局、私はMITの学長職を受け、新しい研究分野、新しいアイデア、新しい責務へと漕ぎ出した。その旅路は実に魅力的で興味深いものとなる。

科学革命に加わる

私はいつも、物事の仕組みを理解したいと強く願っていた。そしていつも、物事を徹底的に調べることで好奇心を満たしてきた。ずいぶん幼いころから、あらゆる種類の物を分解してきた。将来は科学者になりたいと思うようになるよりも、ずっと前からだ。好奇心の赴くままに製品を分解して部品を並べ、各パーツがどのように組み合わさって機能するのかを学んだ。私の父は家のなかの物なら何でも修理できるかに見えた。そんな父の姿を見て勢いづいた私は、母のアイロンと掃除機を分解した。それから自分のお気に入りの腕時計も、機械仕掛けの原動力になっているゼンマイと長針を動かす歯車の仕組みを調べたくて蓋を開けた——すると、ゼンマイが勢いよく巻き戻り、その弾みで時計はバラバラの部品になって飛び散り、元に戻せなくなった。私は屋外でも好奇心を発揮した。家の庭に咲くラッパスイセンも、新しい樫の木の芽を出したばかりのドングリも解剖した。

アイロンの仕組みは、分解すれば理解できた。ところが、ラッパスイセンの花が咲く仕組みや、ドングリが発芽する仕組みは、ちっともわからなかった。ラッパスイセンは、どうやって緑色の芽から黄色い花びらを出現させたのか？　なぜ花びらの色は赤色ではなく黄色だったのか？　ドングリはどうやって、突然、芽吹いたのか？　私はあっという間に生物の不思議さに魅了された。ゼンマイも歯車もないのに、どうやって育つのか？

子ども時代の物を分解したいという情熱は、やがて私の生涯の仕事になった。大人になった私は、幸運にも、生物学における二大革命——分子生物学とゲノミクス——の真っただ中で科学者として成長していった。まずは分子生物学がすべての生物の基本的な構成要素を明らかにし、次にゲノミクスが病気の原因となる遺伝子を突きとめ、集団や種を横断してその遺伝子を追跡するために必要不可欠な「基準」を分子生物学に与えた。

生物学におけるこの二大革命の重要性は、どれだけ誇張してもしすぎることはない。分子生物学は1940年代後半から1950年代前半に本格的に台頭した。物理学の素養のある科学者の一団が、いくつもの新しいテクノロジー（その多くは第2次世界大戦中に開発されたテクノロジーから派生した）を使いこなし、新たに、より微細なレベルの分解能で生物学的メカニズムを記述するようになったのだ。おかげで生体の仕組みに関する理解は、個々の分子レベルにまで進み、「分子生物学」と呼ばれるようになった。ジェームズ・ワトソン、フランシス・クリック、モーリス・ウィルキンス、ロザリンド・フランクリンが新しいX線回析技術を用いてDNA構造を決定した話は有名である。この発見により、新たに膨大な可能性が開けた。科学者は、細胞を構成する「ハードウェア」――すべての生物の構成要素であるDNA、RNA、タンパク質――のレベルで生物学を理解していけるようになったのだ。やがて、彼らが開発した新しいツールのおかげで、健康な細胞の内部構造を探れるようになり、病気のときにどこに不調があるのか理解を深めることもできるようになった。また、そこに至るまでに、ジェネンテック社、バイオジェン社、アムジェン社など、重要なバイオテクノロジー企業も設立された。これらの企業は、がん、多発性硬化症、肝炎の新しい治療法を開発し、大勢の命を救い、何万人分もの職を生み出し、経済成長に多大な貢献をしてきた。

分子生物学が細胞のハードウェアの研究を可能にしたのだとすれば、生物学における次の革命となったゲノミクスは、細胞の「ソフトウェア」――各生命体に指令を与えるコード――の研究を可能にしたことになる。ゲノミクスはコンピューターの進歩に支えられて発展し、地球上のあらゆる生物種由来のDNAとRNAの塩基配列を高分解能で解析できるツールを提供するとともに、ヒトゲノムの地図を描き出してきた。遺伝子の塩基配列決定とゲノムのデータ解析が進展し、数千人規模の個人のゲノム情報を比較できるようになったことで、科学者は、多くの病気の根底には原因となる遺伝子がいくつも存在し、それらが複雑に絡んでいる事実を解き明かせるようになった。そのような生物医学は、患者ごとに異なる遺伝子構成と疾患サブタイプに基づく新しい治療法の開発を可能にした。おかげで私たちは患者のために個別化された医療の提供を目指せるようになってきた。次章以降で見ていくとおり、こうしたツールは、植物と動物を理解し、とくに緊急度の高い産業問題や社会問題に対して新たな解決策を考案するためにも使用されてきた。

私は大学で生物学を勉強したが、生物学分野に分子生物学とゲノミクスが十分に浸透する前のことだった。大学院では、神経解剖学を専攻する決心をし、脳の神経回路とその発達の仕組みについて研究した。そして、脳の構造の美しさに恍惚となった。当時の最先端技術を駆使して神経細胞を観察し、神経細胞同士の見事なまでに複雑に入り組んだ相互接続を調べた。脳の発達過程で神経細胞はどのように集結し、高度に規則正しいパターンを形成し、見る、聞く、考える、夢見る機能を備えるようになるのか、その仕組みを探究した。さらに、発達初期の経験が脳に影響し、脳の構造と生化学的反応を永久的に変化させる様子についても研究した。それでも、私には細胞レベルの構造以上のことはわからず、その向こう側、生物学のさらなる根底にある構成要素——つまり、脳というマシンを働かせるタンパク質や他の分子――を見つけ出すことはできなかった。分子生物学はまだ神経科学には届いていなかったのだ。

博士課程を修了して間もなく、私は素晴らしい幸運に恵まれた。DNA構造の発見者の1人であるジェームズ・ワトソンによって、コールド・スプリング・ハーバー研究所に採用されたのだ。そこで私は、植物も動物もなくすべての生物の生命活動を遺伝子が指揮しているということを示すために他分野の生物学者が分子生物学をどのように用いているのかを学んだ。インフルエンザウイルス、藻類、チューリップ、リンゴの木、蝶、ミミズ、鮭、ビーグル犬、ヒト――こうしたすべての生き物が同じ生物学的構成要素の組み合わせで成り立っているという事実を、分子生物学者は私たちに教えてくれた。

ワトソンは、大半の科学者より大きく先駆けて、分子生物学の概念とツールが全生物を対象とした研究に革命をもたらすだろうことを直観していた。分子生物学という研究分野には、観察科学にすぎなかった生物学を予測科学へと進展させる力があることを理解していた。彼のリーダーシップのもとで、コールド・スプリング・ハーバー研究所の科学者たちは分子生物学を発展させ、ウイルスと酵母の生体メカニズムを明らかにし、同じテクノロジーを用いて、動物から採取した細胞や培養皿で増殖させた細胞の働く仕組みを解き明かしていった。また、ワトソンは、当時利用できた他のどのテクノロジーよりも、分子生物学のツールこそが、脳の謎の多くを解き明かす鍵になる可能性があると予見していた。

そして私は、その可能性に心を奪われた。私がコールド・スプリング・ハーバー研究所で実験を開始したころ、神経科学分野は生物学のなかでも最後まで、従来のパラダイムを打ち破る分子生物学の考え方を頑なに拒んでいた。しかし私は、そのような神経生物学の権威ある主流に逆らい、分子生物学のツールを受け入れて「分子神経生物学」という新しい分野を確立しようと動き出した数少ない冒険者の仲間入りをした。

たとえ知的分野の革命であっても、革命には危険や対立がつきまとう。神経科学に新しいアプローチを導入しようと戦ったことで、私たちの助成金、職、キャリアは危険に晒された。激しい議論が繰り返され、退屈だった学会は憎悪の温床へと様変わりした。ある国際学会では、ヒトの脳を研究する科学者と昆虫の神経系を研究する科学者が対立し、議論を戦わせた。主な論点は、昆虫の研究から得られた知見が、ヒトについて理解を深めるうえで役に立つかどうかだった。これは、根源的には、進化の分子メカニズムに関わる議論だ。しかし実際には、議論というよりも怒鳴り合いだった。そもそも私たちはまだ、ヒトと昆虫の神経系を決定的に比較できるような神経系の「部品リスト」を手にしていなかった。どの遺伝子が関与しているのかもわからず、その遺伝子が発生過程のどの段階で発現するのかを追跡することもできない状況だった。

少数派ながらも、私を含む先駆的な分子神経生物学者集団は、徐々にその数を増やしていった。やがて、私たちが起ち上げた活動は、古典的な脳研究と分子生物学のツールを融合することによって強い影響力をもつようになり、神経科学のあり方を変え、脳の働き方についてそれまで想像もできなかったような洞察を得るようになり、臨床現場での介入方法にも新しい戦略をもたらした。こうした成果や他の分子生物学研究による画期的な発見のおかげで、現在私たちは、てんかん、神経発達障害、脳卒中、多発性硬化症のような炎症性疾患など、ほんの数十年前には治療困難だった脳の疾患も、新しい手法によって診断したり治療したりできるようになった。そしてそれは、アルツハイマー病や他の神経変性疾患など、今もまだ治療困難である多くの疾患についても、新たな洞察が得られるものと期待できる根拠となっている。

こうして複数の異なる研究分野とアイデアを1つにまとめた「科学革命」に当事者として参加できたことは、言葉では表せないほど刺激的な体験だった。その真っただ中を生きて研究してきた私は、複数の分野を1つにまとめることで新たな発見を生みだそうとする「集約型アプローチ」の参加者となり、支持者となった。

新たな統合へ向けて

ＭＩＴの学長に指名されて世間を驚かせたのは、私が最初ではなかった。世界大恐慌の最中だった1930年前半に、ＭＩＴは学長候補としてプリンストン大学の物理学教授だったカール・テイラー・コンプトンを選んだ。

後から振り返れば、コンプトンを指名するのは自然なことで、むしろ必然のようにも思えるが、当時は伝統を打ち破る行為として多くの人を驚かせた。コンプトン自身ものちに、人生最大の驚きだったと述べている。1865年の創立以来、MITは物理学を活動の中心に据えてきたが、評判の礎《いしずえ》となったのは、科学的研究ではなく、技術・工学の応用領域での成功だった。MITと言えば、産業化時代を進展させるツールやテクノロジーを生み出せるような工学者を育成する場所だと思われていた。学生たちも、化学工業や誕生して間もないエレクトロニクス産業の分野でキャリアを築いていくための準備ができるものと期待してMITに集まっていた。

ところが、コンプトンはまったく異なる分野を歩んできた。プリンストン大学で物理学部の教授職を務め、全国的に有名なパーマー物理研究所を運営してきた。彼が強く関心を寄せてきたのは原子核物理学だ。ほんの1世代前に誕生したばかりの研究分野で、まだ将来性も不確かな刺激的な分野だった。プリンストン大学の物理学部は、他大学が追求する工業的応用の土台となる基礎科学を推進していた。

20世紀前半には、基礎科学分野の発見から、驚くべき市販品が生み出されてきた。原子の基本的構成要素とその力が明らかにされ、そこからまったく新しいエレクトロニクス産業が生まれた。基礎物理学における発見から有用な製品に至る道のりは、昔も今も、困難が多く先の見通せない厳しいものだ。発見と応用（科学と工学）の両方に力を入れている大学はほとんどなかった。基本原理の発見と新製品の開発の両方に投資している会社も――AT&T社のベル研究所は広く知られていたが――ごくわずかだった。1897年、偉大な物理学者J・J・トムソンは、負の電荷をもつ粒子である「電子」を発見した。彼の他にもマリー・キュリーとピエール・キュリー、ヴィルヘルム・レントゲン、アーネスト・ラザフォードといった同世代の物理学者たちが、すべての物質を構成する「素粒子」モデルの基礎を築いた。各々がそれぞれに異なる道を探究した結果が合わさって、この物質世界の挙動を生み出し統制している構成要素の「部品リスト」――陽子と中性子で構成される原子核と、それを取り巻く電子雲――が確認された。

こうしてリストがまとまり、さらに、リストに記載された粒子のふるまいを統制する法則一式が明らかにされると、この時代の物理学者は技術者として働くようになった。すべてが出揃ったことで、物理学者は新しい製品――電球、ラジオ、テレビ、電話、家庭用または都市全体のための電力系統――を作り出す力を得たのだ。エレクトロニクス産業が生まれ、大勢の人がその業界で働くようになり、経済成長を牽引した。現在、デジタル化とコンピューター化が進んだ世界で、私たちはエレクトロニクス産業の果実を享受している。それができたのも、物理学と工学が集約されたからだ。

１９３０年になる頃には、ＭＩＴは理学部の質を向上させることによって次のステップに進むことを決めていた。物理学教授陣の１人はのちに当時の心情を思い出し、次のように書いている。「私たちはまったく新しい科学の世界へ――当時のＭＩＴではほとんど失われていた根源的な意味での科学の世界へ向かって覚醒しつつあった。この現代科学が未来の工学のあり方を大きく変えることになるだろうと、認識を新たにしたのだ」。そうやって未来に目を向け、物理学と工学の新たな統合に目を向けたＭＩＴは、物理学者のコンプトンを頼り、学長に指名した。意表を突かれたコンプトンは、プリンストン大学の学生を後に残して責務を離れることを嫌がった。しかし最終的には、74年後の私と同じ認識に至った。つまり、この申し出を受けるためにこれまでの人生があったのだと考えるようになったのだ。「技術・工学教育の場で科学を〈生かす〉機会を与えられたのです。その重要性を思えば、何よりも優先させるべき責務だと言えるでしょう」とコンプトンはプリンストン大学新聞『デイリー・プリンストン』に語った。

コンプトンの予見

ＭＩＴに移ったコンプトンは、さっそく物理学と工学の統合に専念した。彼はＭＩＴのミッションを受け入れ、工学と科学が抱える問題に対して実用的な解決策を生み出すには、高いレベルで学際的に協力し合うのが最善だと考えた。そして、私よりも何十年も前に、私がしたのと同じことに取り組んだ。発見とイノベーションを生むために、集約型アプローチを採用したのだ。

第2次世界大戦中には、「物理学者の戦争」とも言われるほどテクノロジーへの需要が高まり、工学と物理学の距離は一層縮まった。その過程でコンプトンは重要な役割を果たすことになる。1933年、コンプトンが科学者としてもリーダーとしても優れていることに気づいたフランクリン・デラノ・ルーズベルト大統領は、米国の新しい科学諮問委員会（1940年に国防研究委員会［ＮＤＲＣ］になる）の委員長にコンプトンを指名した。戦争勃発時にＮＤＲＣのトップだったコンプトンは、レーダー（電波探知機）、ジェット推進エンジン、デジタル計算機など、連合国陣営の最終的な勝利に絶対不可欠だった膨大な種類のテクノロジーの開発指揮を手伝った。たとえば、彼の後押しでMITに設立された放射線研究所には、科学者、工学技術者、言語学者、経済学者など約3500人が集められ、前例のない共同研究によって、「戦争を勝利に導いたテクノロジー」とも言われるレーダー装置が開発され、建設された。

コンプトンのリーダーシップのもと、基礎科学の強化を進めたMITの物理学部は、戦争が終わるころには世界最高レベルに達し、MITが誇る世界最高峰の工学部と肩を並べるまでになっていた。こうして工学と物理学という二重の強みをMITに与え、なおかつ米国政府のために幅広いリーダーシップを発揮してみせたコンプトンは、戦後の米国が進むべき針路についても助言していた。米国は戦後急速に台頭し、その先何十年も世界の産業と経済を力強く牽引していくことになった。

この数十年間に、エレクトロニクス産業は急激に成長しはじめた。トランジスタが真空管に取って代わり、その後、シリコンの電子回路がトランジスタに取って代わり、数々の発見と応用がコンピューター産業と情報産業の扉を次々に開いていった。コンピューターが人々の通信手段や国防のあり方を多くの面で根底から変えるだろうことはコンプトンも理解していたが、彼が推し進めたテクノロジーが今のような便利なデジタル社会を生み出すことまでは予見できていなかった。おそらく誰も予見できなかっただろう。予測できない形で力強く展開し、無限大の可能性を解き放つ――科学革命とはそういうものだ。それでもコンプトンは、物理学と工学を集約すれば新しいテクノロジーの時代が始まるはずだと考えていた。そして、米国がこの革命を最大限に活かせるように、MITでも、政府のアドバイザーとしても、公人としても、できることはすべてやった。

こうした成果だけを見ても、コンプトンが優れた先見性の持ち主であり、第2次世界大戦後の米国をテクノロジーと産業の大国として台頭させた立役者だったことがわかる。しかし、それだけではなかった。コンプトンはその卓越した先見の明で、MIT在職中からすでに、もう1つの革命の到来を——つまり、生物学と工学の集約を——予見していたのだ。

コンプトンは次に来る集約型革命について、早くも1936年には「物理学が生物学と医学のためにできること」と題した講演のなかで論じていた。この講演で彼は、たとえば新世代のサイクロトロン（加速器）を用いて元素の放射性標識を可能にする方法など、原子核物理学の最新の進展について発表した。放射性標識を用いれば、標識された放射性同位元素が分子に組み込まれたあとに細胞内や生命体内でいくつもの化学反応を経て代謝経路を移動していく様子を追跡することができる。講演を聴いて刺激を受けた物理学者のソール・ヘルツは、このテクノロジーを用いれば甲状腺疾患を理解でき、おそらく治療もできるのではないかと質問した。ヘルツはマサチューセッツ総合病院（MGH）の甲状腺科の主任で、同僚らとともに甲状腺によるヨウ素の摂取について研究していた。彼はコンプトンに、ヨウ素を放射化できるかどうか尋ねた。もしできるなら、甲状腺に蓄積されたヨウ素を追跡できる可能性があることに気づいたのだ。それができれば甲状腺疾患の診断が可能になり、ひょっとすると、甲状腺機能亢進症と甲状腺がんの治療法として甲状腺組織の病変部のみを選択的に死滅させることもできるようになるかもしれない。

大胆なアイデアだったが、コンプトンはその真価を見抜き、ヘルツとMGHの内分泌科の面々を

MITの物理学教授陣に引き合わせた。間もなく、ヘルツのアイデアを実践するチームが発足し、複数の患者でヨウ素の放射性同位体を用いた治療に成功した、これは現在、私たちが「プレシジョン医療」と呼んでいる治療法のごく初期の事例だ。

コンプトンはこの生物学と工学の新たな集約に秘められた可能性に気づいていた。やがては物理学と工学の集約のときと同じくらい大きな影響力をもつ変革を社会や経済にもたらすだろうと予見していたのだ。2つの分野を掛け合わせたハイブリッドな研究分野で学生を教育するために、1939年、コンプトンは生物工学のカリキュラムを作成し、1942年、MITの生物学部の名称を「生物学・生物工学部」に変更した。だが、コンプトンは時代を先取りしすぎていた。物理学者は物質を構成する「部品リスト」をすでに手に入れていたが、当時の生物学者はまだ生物を構成する「部品リスト」を手にしていなかった。「部品リスト」がなければ、工学技術者はほとんど何もできない。ツール不足のせいで、生物学・生物工学部はその名にふさわしい活動ができず、数年のうちに再び元の「生物学部」に改名された。

1940年代前半には、世界の注目は第2次世界大戦に向けられていた。この戦争に欠かせない存在になったのは、生物学ではなく物理学だった。戦時中にコンプトンは現役の物理学者としても、管理者としても、公人としても、抜きん出た活躍を見せた。米国におけるレーダー（電波探知機）、合成ゴム、射撃統制、熱放射の研究をリードし、科学研究開発局（OSRD）の海外プログラムを運営し、マッカーサー将軍の科学顧問となり、1945年には、原子爆弾の使用についてトルーマン大統領に助言を行う諮問委員会のメンバー8人のうちの1人として指名された。

終戦後、コンプトンは戦争遂行努力への貢献に対してあらゆる種類の称賛を受けた。1946年には、「戦争終結を早めた」功績で陸軍から民間人に贈られる最高勲章である「有功章」を授与され、翌年には、「科学の公共福祉への応用に秀でていた」という理由で全米科学アカデミー(NAS)からマーセラス・ハートリー章を授与された。

コンプトンは物理学と工学を新しい形で1つに集約し、そのような集約のおかげで実現された革命を擁護することで、戦争を終結に向かわせただけでなく、米国に繁栄と可能性にあふれた新時代をもたらした。コンプトンの先見により、驚くほど多くのツールやテクノロジーがもたらされた。ラジオ、電話、飛行機、テレビ、レーダー、コンピューターだけではない。原子力、レーザー、MRI(磁気共鳴画像法)、CT(コンピューター断層撮影法)、ロケット、衛星、GPS(全地球測位システム)、インターネット、スマートフォンもそうだ。これらのツールとテクノロジーは世界のあり方をすっかり変えてしまった。もはや、それなしの生活など考えられないほどだ。

新しいデジタル製品と、それらの製品が可能にするデジタル経済は、私たちの世界を改革し続ける。ビッグデータ、IoT(モノのインターネット)、産業のインターネット化の台頭によって、小売業(Amazonなど)、接客業(Airbnbなど)、運送業(Lyft、Uberなど)でも新しいビジネスモデルが可能になった。こうした革命は今も続々と進行中だ。コンプトンが現在も生きていたなら、革命の果実を目にして喜びに震えることだろう。

そして今、彼が予見したもう1つの革命――生物学と工学の集約――がいよいよ始まろうとしている。それを知れば、コンプトンはますます感激するにちがいない。

今世紀を彩る科学物語

ＭＩＴに到着した私は、ＭＩＴの教授陣の多くがすでに新しい道へと踏み出し、思っていたよりも遥かに先まで進んでいることを知って息をのんだ。ＭＩＴの工学技術者たちはすでに生物学のツールを驚くべき方法で研究に取り入れていた。環境工学者のマーティン・ポルツは、ゲノム情報解析を用いて海中の二酸化炭素の大部分を吸収するプランクトンの個体群を調査していた。化学工学者のクリスタラ・ジョーンズ・プラザーは、輸送燃料や薬になるような新たな物質を微生物に作らせていた。物理学者だったスコット・マナリスは生物工学者に転向し、彼が考案した素晴らしく感度の高い測定方法を用いて個々の細胞の重さを量り、細胞の成長を観察していた。そして、そんな彼ら全員にとって刺激にも励みにもなっていたのが、ＭＩＴ最高位の教授職にあり、世界で最も多くの成果を出している生体工学者として高く評価されているロバート・ランガー教授だ。助成金や出願中特許の数は１０００件を上回り、25社を超える企業の創立者でもある。私は、ＭＩＴだけでなく世界中の研究室で進められているこの新しい領域の信じ難いプロジェクトについて知れば知るほど、生物学と工学を集約させれば世界を変えられる力になるはずだと確信を深めた。だからこそ私は、自分が学長を務める際の重大テーマの1つにこの集約を掲げた。できるだけ早急に実現させるための後押しになるよう、リソースと空間を工面することにしたのだ。

その努力は多くの面で報われた。生物学基礎研究で突出した米国でも有数の研究センターであるMITがん研究センターを擁していた生物学部の教授陣は、工学部の教授陣らと力を合わせて研究センターを再編成し——2007年以降、がんやその他の疾患を新しい方法で解明し、診断し、治療するために協働してきた工学技術者、臨床医、生物学者をすり合わせて1つにまとめ上げるという画期的な試みによって——MITコーク統合がん研究所を発足させた。同研究所から独立する形で何十社もの企業が誕生し、その多くは、生物工学製品を生み出して臨床試験の最中にある。たとえば、化学療法薬を最も効果的に働かせるためにがん細胞に直接送達するナノ粒子や、外科医ががん細胞の位置をより正確に特定して除去できるようにする画像技術、現在の手法よりも遥かに短い時間で病原体を特定することによって最適な薬物を迅速に処方して大勢の命を救うためのストラテジーなどだ。同様のやり方で、私たちはMITエネルギーイニシアティブも設立し、新たなエネルギー技術の開発を加速してきた。そうした技術の多くは生物学の「部品リスト」にある構成要素を活用している。エネルギーイニシアティブは最初の10年間で、新型バッテリー、新規ソーラーセル、新しいエネルギー管理システムをデザインする新会社を60社近く生み出した。

私はこれまでのキャリアを通じて、なかでもMITで過ごした時期に、新たに誕生したこの研究の舞台に立つ多くの先駆者たちに出会うという素晴らしい幸運に恵まれてきた。そして、彼らが研究室での新発見から製品を生み出して市場に送り出す様を——アイデアを実践に移す様を——目の当たりにしてきた。次章以降で、私は読者を現地に招き、主な先駆者の研究室を案内する。そして、私たちが現在抱えている問題のなかでもとくに厄介な人道主義的課題や医療問題、環境問題を克服するために、彼らが自ら開発したツールやテクノロジーをどのように活用しようとしているのか、いくつか例を紹介しよう。

彼らが取り組んでいる研究こそが、今世紀を彩る科学物語になる。私はそう信じて疑っていない。今から1世紀前には、物理学と工学が1つになり、世界を完全に変えた。今度は生物学と工学が私たちの未来を大きく変えようとしている。本書は、これから誕生する未来の展望を読者にご覧いただき、今起きていることを目撃する喜びと興奮を一緒に味わってもらうためのものだ。

この本を書くにあたり、私は基本的なテクノロジーからより先進的なテクノロジーへと段階的に進んでいくように章を組み立てた。生物学から生まれたテクノロジーによって創り出される新しい世界は、史上まれに見る目覚ましい科学革命から誕生する。端的に言えば、1950年には、私たちは遺伝子の物理的構造も、そこから身体的特徴が発生する仕組みも知らなかった。がん細胞が際限なく増殖する理由も、何がトウモロコシの実の色を決めているのかも知らなかった。しかし、今は知っている。

第2章では、生体の情報システムとしての役割を果たす核酸、つまりDNAとRNAを紹介する。核酸は、生体の構造の組み立て方を指示し、1つの世代から次の世代へと生体の特徴が正確に遺伝されるようにする。そして、核酸は操作できる。この章では、次世代型のバッテリー製造のためにウイルスの核酸がどのように操作されてきたかを説明する。DNAとRNAは、タンパク質を組み立てるための命令セットを保持し、タンパク質は多くの生体機能を司る小さなマシンとして働く。第3章では、そのようなタンパク質の1つ、「アクアポリン」と呼ばれるタンパク質の発見と応用の物語を紹介する。アクアポリンは（細菌、動物、植物の）細胞への水の流入と細胞からの水の流出のみに特化した高度に特異的な「チャネル」として働くタンパク質だが、今では市販の浄水フィルターにも使用されている。

第4章では、著しい成長を遂げている医学領域の1つ——分子医学——のテクノロジーと、その根幹にある前提として、疾患のプロセスには細胞の正常な分子プロセスの乱れが反映されるという考え方を紹介する。そのような乱れを察知するきわめて繊細で感度の高い新テクノロジーは、早期の疾患をより高い信頼性で、より安価に検知する。

呼吸、消化、聴覚のような複雑な生体機能は、さまざまに異なる種類の細胞が寄り集まって編成・構成された複雑な組織によって実現されている。なかでも最も複雑な組織が脳だ。第5章では、脳が神経を通して四肢に動けとメッセージを送る仕組みと、手足の一部を切断された患者や脳に損傷を受けた患者の手足を動かす能力を、新テクノロジーで回復させる取り組みについて説明する。

第6章では、部品の総和の話に立ち帰る。すべての生命体において、遺伝子とタンパク質の発現の総和が「表現型」と呼ばれる身体的な特徴を決めていることが明らかにされた。少なくとも過去1万年にわたって、人類はその表現型を評価して植物や動物を選別し繁殖させてきた。この章では、表現型に基づく選別を加速させる新たな工学ツールについて説明する。こうしたツールは、この地球上で増え続ける人口に十分な食料を供給するために、より生産性が高く、より回復力の強い食用作物を特定する有望な手段となる。

私が本書の各章で紹介するテクノロジーは、それぞれに形は異なるものの、いずれも生物学と工学の革新的なコンバージェンス（集約）から生まれた産物だ。私たちは今、その変革の最中を生きている。工学と生物学のマリアージュから生まれた新しいテクノロジーについての私の説明が成功していれば、読者は本書を読むことで、両分野の進展を利用して生み出された「バッテリーを作るウイルス」や「水を浄化するタンパク質」、そして本書に登場する他のすべてのテクノロジーについて、多くを知るようになる。私としては、未来のテクノロジーの多くに共通するテーマについて、読者が意識するようになることを願っている。

生物学と工学の集約を実現するために、そしてその境界を横断したテクノロジーを私たちの生活に取り入れる——いち早く人々に届ける——ために、私たちはできることは何でもする必要がある。そのために最後の第7章では、こうした取り組みをできる限り迅速に効率よく実現させるための戦略をいくつか提示する。

2

エネルギー革命▼

ウイルスが育てるバッテリー

アワビに魅せられて

1999年、アンジェラ・ベルチャーが最初の助成金申請を提出したとき、審査レビューを担当した専門家の1人は「馬鹿げている」と断じた。当時ベルチャーは、オースティンにあるテキサス大学で若手の化学教授として初めて大学の教職に就いたばかりで、キャリアを開始するには助成金による支援が必要だった。確かに、彼女が申請書に記載した提案はとても奇抜だった。ウイルスを遺伝子操作して電子回路を「育て」させ、最終的にはバッテリー（蓄電池）を作らせたい、という内容だ。ベルチャーの頭のなかにあった「ウイルスが育てるバッテリー」は、現在使用されているバッテリーよりも高速で充電され、有害な廃棄物をほとんど生成せず、部分的に生分解可能なものだった。つまり彼女は、自然の力を利用したクリーンで安価な方法によって再生可能エネルギーを生み出し、化石燃料に代わるエネルギー源として実用化する提案をしたのだ。このアイデアは世界を一変させる可能性がある、とベルチャーは感じていた。

それを「馬鹿げている」の一言で却下されたのだ。彼女の心は傷ついた。「そのレビューを読んだとき、私は声をあげてひたすら泣きました」と、つい最近、私に語ってくれた。だが彼女は、動揺はしても諦めたりはせず、その後、いくつもの成果をあげてきた。今になって振り返れば、馬鹿げていたのは彼女のアイデアを却下したレビュアーのほうだったと言えるほどの業績だ。2000年には、世界で最も権威ある学術誌の1つである『ネイチャー』に論文が掲載され、彼女の型破りなアイデアが実現可能であることを証明してみせた。彼女にとって、研究者として独立して最初の掲載論文だった。2001年には、将来の可能性を評価されてMITに雇われた。2002年には、科学技術誌『MITテクノロジー・レビュー』が選ぶ「35歳未満の優れたイノベーター100人」の1人に選ばれ、2004年にはマッカーサー基金から人並外れた才能を発揮する人物に贈られる「天才賞」を受賞し、2006年には一般読者向けの科学雑誌『サイエンティフィック・アメリカン』で「今年の最優秀研究リーダー」に選ばれた。現在、彼女はMITのエネルギー学教授であり、他の役職も兼ねながら分子生物学材料グループの指揮をとっている。また、MITエネルギーイニシアティブのメンバーとしても積極的に活動し、新しい蓄電方法をデザインするチームを率いている。さらに、研究室で得られた成果を製品化して市場に出すためにスタートアップ企業も何社か起ち上げている。

私がアンジー（アンジェラ）・ベルチャーに会ったのは、MITの学長に就任して間もないころだった。当時、私には学ぶべきことがたくさんあった——しかも急いで学ばなければならなかった。既成の枠にはまらない独創的なアイデアの創出をMITがどのように促しているのか、そして、そのようなアイデアをどうやって驚異的な速さで市場に送り出しているのかを解き明かす必要があった。

できるだけ多くのことを、できるだけ速く学ぶために、私は終身在職権を得て間もない教授たちを月に一度の朝食会に少人数ずつ招待した。MITで終身在職権を得るには、誰も成し遂げたことのない成果を出さなければならない。私が毎月の朝食会に招待したメンバーは間違いなく、そのような偉業の達成を可能にした資源、人、精神の「魔法の調合」について語れる人ばかりだった。彼らにとって、なぜMITは素晴らしい場所なのか？　より素晴らしい場所にするにはどうしたらいいのか？　そして、彼らが探究している新しいフロンティアにはどんな魅力が詰まっているのか？

豊富に提供されるコーヒー、卵、焼き菓子を楽しみながら、私は彼らに質問した。MITのどんなところが一番好きか？　自分たちの研究や教員としての仕事のなかで最も心躍るのはどんなところか？　テーブルを囲んで会話を進めていくと、それぞれの口から驚くような素晴らしい話が次々に飛び出し、私はいつしか、それまで想像したこともなかった未来へと引き込まれた。理論から実践へと移行しつつある量子コンピューターの話や、映画『夢のチョコレート工場』に登場するウィリー・ウォンカの「溶けないキャンディー」のように1層ずつ層を重ねて構築される投薬用のナノ粒子の話など、他にも独創性にあふれた発見や発明の数々が語られた。そうやって教授メンバーの話を聞くうちに、私はある驚くべき事実に心打たれた。彼らが私に語ってくれた発見や熱意だけをヒントにして彼らが所属する学部や学科を推測しろと言われても、とても正解できそうにないのだ。彼らの研究は、歓迎も承認も受けることなく、学問分野の境界を越えていた。研究室で生まれた新しいアイデアを市場へ迅速に送り出すには、そんな柔軟性こそが何より重要なのだと私は気づいた。

若い教授陣の多くは、まったく異質の研究領域をいくつもまたいで会話していたが、ベルチャーもそのなかにいた。私は彼女と話してすぐに、研究領域の融合を推進するイメージキャラクターのような存在だと感じた。彼女は分子生物学材料グループやＭＩＴエネルギーイニシアティブでの研究のほかに、材料科学工学部、生物工学部、ＭＩＴコーク統合がん研究所でも役職を得ていた。ある朝、彼女は私に、生物学と工学を融合させて新しい世代のエレクトロニクスを創り出そうと努力しているところだと語った。私は好奇心をうずかせ、目を大きく見開いた。彼女が説明してくれたエネルギーの未来は、現在の発電、配電、蓄電方法とはまったく異なっていた。

彼女がこの「生物学的に構築された新世代の電子回路」のアイデアを最初に思いついたのは、１９９０年代、カリフォルニア大学サンタバーバラ校で化学の博士号を取得するために研究していたときのことだった。彼女はそれまでもずっと、環境中の過酷な状況のなかで好機をとらえて解決策を生み出していく自然の力に魅了されていたが、博士課程時代には、太平洋沿岸でよくみられる大きな巻貝であるアワビに魅せられ、その貝殻の作られ方に夢中になった。その結果、殻が形成される過程には生物工学の原理が関与していることがわかり、それがきっかけで生物工学の原理をあらゆる種類のものに応用できないかと発想するようになり、最終的にバッテリーへの応用を考えるようになったのだ。

アワビは、進化の過程できわめて難しい問題を解決しなければならなかった。すぐ簡単に手に入る成分だけを使って、軽くて丈夫な殻を作る方法を編み出す必要があったのだ。そして、エレガントで精巧な解決策を生み出した。最初に、どこにでもある海洋成分のカルシウム（Ca）と炭酸塩（CO_3）をくっつけて炭酸カルシウム（$CaCO_3$）を生成する。炭酸カルシウムは豊富に存在する無機成分で、黒板のチョークにも使用されている。チョーク自体は容易に砕ける脆い物質だが、アワビは炭酸カルシウムのそのような構造的な弱さを二段階の製造過程で克服している。まず、炭酸カルシウム分子をきっちりと規則正しい配列で並べて小さな結晶を形成する。この結晶の強度は、チョークよりは遥かに高いが、アワビの殻と比べれば、まだ3000分の1の強度しかない。アワビは、ある処理過程によってこの結晶に鋼のような強度を与えており、ベルチャーは大学院での研究中に、その過程の発見に一役買った。アワビは、小さなタンパク質繊維を産生し、それを結晶と結晶の間に配置することで、壁のレンガとレンガを繋ぐモルタルのように、ある種の接着物質としての役割を果たさせている。ただし、レンガ壁のモルタルとは異なり、アワビの殻のモルタルはわずかに弾力がある。力が加わっても破損せずに歪曲するような構造になっているのだ。丈夫だが柔軟性のあるタンパク質繊維と炭酸カルシウム結晶を織り合わせることで、アワビの殻は信じられないほどの動的強度を実現している。アワビが生きている間はアワビを外敵から守り、アワビが死ぬと分解されて海の成分になり、次の世代の貝類のための資源補給となる。環境に有害な産物をまったく出さずにすべてが完結する。

ベルチャーは収集したアワビの殻をオフィスで保管していて、私は彼女のオフィスを訪れるたびに、その美しさに目を奪われた。人形の中から人形が出てくるロシア人形の中身を並べたかのように、美しい貝殻が小さいものから順に並べられている。アワビの幼生は親指と人差し指で作った輪の中に収まるほど小さく、一番大きな殻は、おそらく10年以上のもので、広げた手よりも大きい。ある日、私はベルチャーとごくありふれた元素から素晴らしい素材を作り出す生物学的過程について話しながら、ついつい、一番大きな貝殻を手に取った。子ども用の野球グローブほどもある大きな殻の内側のガラスのように艶やかな表面を指で撫でた。光のなかで動かすと虹色に揺らめいた。

アワビの寿命は50年ほどだ。大きさに関係なくすべての殻が同じ形、色、質感をしていて、外表面は粗く、内表面は艶やかな真珠色をしている。どの殻にもまるで装飾のように規則的な間隔で空いた穴が優美な弧を描いて並んでおり、この穴を通してアワビは「呼吸」する。まさに生物工学の驚異だ。アワビの殻が形成される仕組みを研究したベルチャーは、ごく初期の段階から驚きっぱなしだった。こんなにも効果的に効率よく海中から元素を集めて殻を作り出すことができるタンパク質の設計図がアワビのＤＮＡにコードされているのなら、もしかしたら、他の生物のＤＮＡを乗っ取って他の元素を集めさせて他の仕事をさせることもできるのではないか？　もしそうなら——これはベルチャーが最初の助成金申請書で提案したアイデアだが——半導体の製造に用いられるガリウムヒ素やシリコンなどの元素をウイルスに集めさせて電子機器を作ることも可能なのでは？　このアイデアを実現させることができたなら、ウイルスを使ってもっと大きな問題の解決にも取り組めるようになるだろう。いったいどんな大問題に取り組むのか？　バッテリーの成分を編成して構造化できるのではないか？　その重要性について深く考えるうちに、彼女のエンジニア魂に火がついた。「アワビは数百万年もの長きにわたって有害な副産物を排出しなくても必要なすべての殻を作ってきました。それなのに人間はなぜ、環境を汚染せずに自分たちに必要なものすべてを作れないのでしょうか？」彼女はひらめきの瞬間を思い出しながら、私にそう語った。

ベルチャーは故郷のテキサス州で岩石、植物、動物を愛でながら育ち、カリフォルニア州サンタバーバラで過ごした大学時代も太平洋沿岸で貝類を愛でた。化学と材料学の研究者として、彼女は身近な自然が織りなす多種多様な形と大きさに尽きせぬ魅力を見出す。彼女のオフィスの棚には、貝殻、結晶石、化石が並べられている。その1つ1つの歴史を彼女は興奮気味に私に話してくれた。あるときは、美しい結晶石を片手でつかんでさまざまに角度を変えながら、もう片方の手に何の変哲もない白っぽい岩石をとり、「この半透明のトパーズ色をした結晶石と、このアラゴナイトの塊は、同じ成分組成でできているんですよ！」と大きな声で言った。そうやって自然の為せる業に強く魅せられているときも、ベルチャーは次の世代のために世界をより良くする方法について考えずにはいられないのだった。

あなたも私も、身の周りの物質を構成する分子が規則的に並んでいるかどうかや、日常的に手に取って使用する物質を構成する分子がどのような編成で並んでいるのかを、ほとんど意識することなく過ごしている。だがベルチャーは、そんなことばかり考えている。彼女は大学院時代の研究を通して、物質の組成と配列の両方の重要性について強く意識するようになった。アワビは特別なタンパク質でごく少量のモルタルを作り、そのモルタルで炭酸カルシウムの結晶をつなぎ合わせて殻を作っているのだということを、ベルチャーは明らかにした。より優れたバッテリーをデザインできるかどうかは、より優れた素材を見つけ出し、より優れた配列で組織化できるかどうかにかかっている。だが、物質の組成と配列を改善するには、かなり精緻な技術が必要だ。ベルチャーにひらめきの瞬間が訪れたのは、そんなことを考えていたときのことだった――そしてそのひらめきが、彼女の最初の助成金申請につながった。人間の創意工夫に完全に頼ってバッテリーの構成をデザインし直すのではなく、私たち人類のためにウイルスに物質を編成させることで、より優れたバッテリーを作り出せないものかと考えるようになったのだ。

代替エネルギーの問題とは?

エネルギー問題、いや、より正確にはエネルギー貯蔵の問題に取り組むなかでアンジー・ベルチャーが直面した課題について理解するには、エネルギー経済について考える必要がある。私たちのエネルギー使用にはどのようなパターンがみられるのか? 数十年後、エネルギーの出所が重要になるのはなぜか？

人類の祖先が初めて火を使いこなすことを覚えたときに、エネルギー経済は誕生した。南アフリカの洞窟で発見された骨と植物の灰は、人類の太古の祖先の1種であるホモ・エレクトスが約100万年前には火を使っていたことを示している。より私たちに近い祖先であるネアンデルタール人は約40万年前に火を使用していたし、フランス南西部のペシュ・ド・ラゼで発見された考古学的証拠は、少なくとも5万年前には必要に応じて火が起こされていたことを示している。初期の人類は草や木の枝や丸太を燃やして暖をとり、闇を照らし、食物に火を通していた。それ以来、私たち人類は必要なエネルギーを獲得するにも貯蔵するにも自然界に頼り続けてきた。幸運なことに、自然界はその役割を見事に果たしてくれている。

植物は偉大なエネルギー貯蔵庫だ。光から取り込んだエネルギーを使って二酸化炭素と水を結合させる化学的過程である「光合成」によって、エネルギーを貯蔵する。水と二酸化炭素は、豊富に存在する基本物質であり、地球上の自然物質のほとんどは――木の葉、花、幹から骨、皮膚、筋肉に至るまで――この組み合わせから生み出される。こうした複雑な物質を作るために必要なのは、二酸化炭素分子と水分子と、新たな化学結合を形成するのに十分なエネルギーだ。光合成は、光エネルギーを炭素からなる構成要素同士の化学結合に変換する。すべての化学結合は、「待機中」のエネルギーだと言える。結合を形成するにはエネルギーが必要で、結合が切れるときにはエネルギーが放出される。光合成の場合は、太陽光から取り込まれる光子をエネルギー源として化学結合が形成され、その結合が――燃焼などによって――切断されるときにエネルギーが放出される。薪を燃やせば、本質的には、光合成とは逆向きの反応が起こることになる。つまり、化学結合が切断され、貯蔵していた太陽光エネルギーを熱と光として放出する。このあと詳しく見ていくバッテリーの場合は、貯蔵していた化学エネルギーを電流という形で放出することができるわけだ。

数千年間、人類は樹木や低木に頼ってエネルギー需要を満たしてきた。ところがここ数世紀のうちに私たちのエネルギー需要は加速的に増大している。1800年代初頭には、米国の主要なエネルギー源は木材で、米国人は年間400兆英熱量〔英熱量は英国熱量単位（Btu）：1英熱量は1ポンドの水の温度を華氏1度上昇させるのに必要な熱量で、約100兆キロカロリー〕のエネルギーを消費していた。2016年には、全米のエネルギー消費量は9京7000兆英熱量〔約2京5000兆キロカロリー〕で、1800年代初頭の250倍以上になる。これはつまり、現在の米国人は1800年の米国人に比べて、1人当たりの消費量が約4倍以上に増えたということだ。人口が増え続ける一方で、1人あたりのエネルギー消費量も増え続けている。その需要を満たし、なおかつ、可搬性のより高い形でエネルギーを貯蔵できるように、私たちは化石燃料に頼るようになった。エネルギー密度の高い石油、ガス、石炭の貯留層は、太古の森の樹木、植物、その他の有機物の死骸や残骸が堆積し圧縮されることで、長い長い年月をかけて生み出された。まさに植物性物質の「化石」である。

化石燃料――石炭、ガス、石油――のエネルギー密度は、木の枝や幹のエネルギー密度よりも高いので、同量のエネルギーを生産するために必要となる燃料の量は、はるかに少なくて済む。エネ

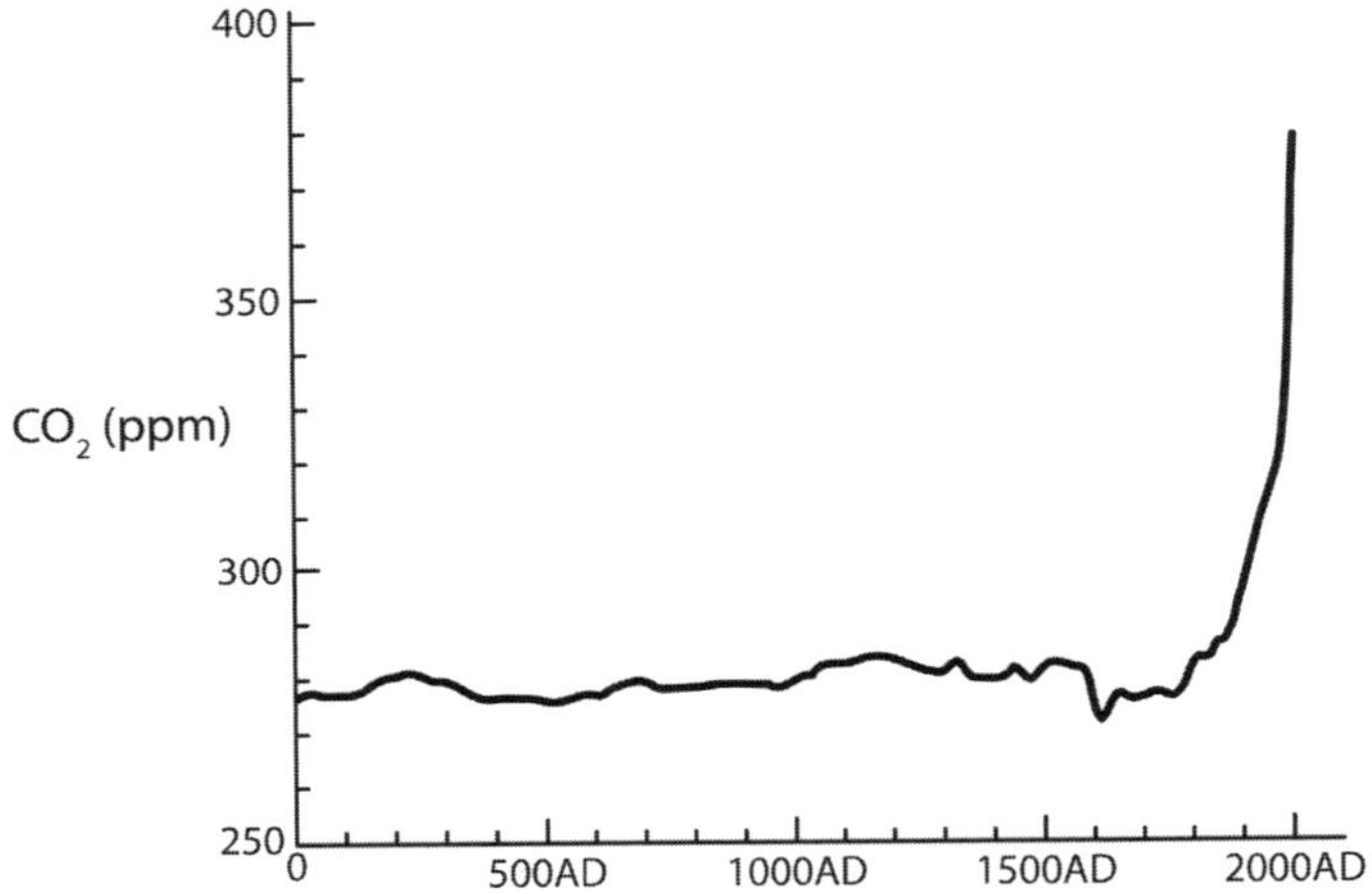

大気中の二酸化炭素濃度（CO_2：100 万分の 1［ppm］単位で測定）は、比較的安定した時期が長く続いたあと、1800 年以降に急速に上昇している。

ルギー密度が高いほど、より簡単に、より安く、持ち運ぶことができる。だが、1つ問題がある。炭素物質——薪、石炭、ガス——を燃やすと、貯蔵されていたエネルギーが熱と光として放出されるだけでなく、光合成の際に植物の構造のなかに取り込まれた二酸化炭素も放出される。にわかには信じがたいかもしれないが、地球を覆う膨大な大気をもってしても、私たち人類が炭素系のエネルギー源を燃やして生み出す二酸化炭素をすべて吸収することはできない。大気中の二酸化炭素濃度は地球の歴史のなかで増減を繰り返してはきたが、そうした変化はつねに緩やかだった。だが現在、私たちはこれまでとは異なる状況のなかを生きている。とんでもない量の二酸化炭素が前代未聞の速さで急速に大気中に排出されているのだ。

私たち人類は、数億年かけて貯蔵された大量の二酸化炭素を、ほんの数世紀のうちに大気中に放出した。一部の推定によれば、私たちが消費するガソリン1ガロン（3・785リットル）は約100トンの植物性物質から産生されたものだ。私たちが化石燃料を短期間のうちに大量に燃やすようになったことで、大気中に放出される二酸化炭素量は急増し、地球の気候と海洋のダイナミクスに劇的な変化をもたらしており、このままでは地球にとっても人類の生活にとっても悲惨な結末が訪れるのはほぼ間違いない。

化石燃料の燃焼による有害な大気汚染は他の形でも進んでいる。たとえば、熱源や電力源としてごく普通の石炭を燃焼させると、石炭のなかに閉じ込められていた水銀、硫黄、炭素の微粒子（煤煙）などの物質が大気中に放出され、近隣で生活する人々の健康を脅かす。その影響は深刻で重大なものとなる。私も石炭の燃焼に伴う危険性ついては理論上は理解していたが、その危険性を自分の生活に関わる問題として強く意識させてくれたのは、私の在任中にMITエネルギーイニシアティブに所属していたエネルギー経済学者の1人、マイケル・グリーンストーンだった。グリーンストーンは、彼と同僚たちが中国各地で健康記録を綿密に調査してまとめ上げた結果として見えてきたストーリーを私に語ってくれた。1950年から1980年まで、中国は国策として淮河以北の住民には熱源として石炭を無料で提供していたが、淮河以南の住民には提供していなかった。グリーンストーンらの調査の結果、石炭を暖房に使っていた地域の住民は、政府から石炭を支給されていない地域の住民よりも平均寿命が5・5年短いことが明らかになった。この驚くべき差は、石炭の燃焼によって発生した大気中の微粒子を吸い込んだことによる呼吸循環器系の死亡数の増加でほぼ説明がつく。

現在のところ、化石燃料の燃焼による問題は、それだけでは脅威とまでは言えないかもしれないが、いずれにしても事態は悪化の一途をたどっている。世界のエネルギー需要は2050年までに2倍に増大する見込みであり、その理由は2つある。1つには、世界人口が増加傾向にあり、このままいけば現在の約76億人から今後30年間で95億人を超えるからだ。2つ目の理由は、万事うまくいけば——そうなってほしいと願っているが——世界中でより多くの人が裕福になり、先進国の人々が現在享受しているようなエネルギー大量消費型のライフスタイルに移行することになるからだ。現在、平均的な米国人は年間で1万3000キロワット時以上の電力を消費しているが、平均的なバングラデシュ人の年間の消費電力はわずか300キロワット時だ。より多くの人々が今より遥かに大量の電力を消費するようになったら、どうなるだろうか？ 汚染やそれによる有害な影響は、単なる必要悪として片づけられるのか？ あるいは、科学者や技術者は、そうした問題に対処する新たな方法を考案して革新を起こせるのか？

この世界には、太陽の熱、夏の涼しいそよ風、河川や滝の力、潮の干満の流れなど、興味をそそられるような代替エネルギー源が豊富に存在する。いつの日か、私たちが必要とするエネルギーのすべてがそのような代替エネルギー源で賄われる日が来ることを、私は夢見ている。かつて私は、父とのどかな帆船の旅に出るときに、父が船尾に船外エンジンを取りつけたの見て——思春期の若者に特有の純粋さで——馬鹿にして笑ったことがあった。だが、私はその態度をすぐに改めることになった。朝の心地良いそよ風はやがてぴたりと止み、私たちを乗せた船は岸から遠く離れた沖で停止してしまったのだ。日中、もしくは真夜中に、動力もなく海の真ん中に取り残されたとしたら、私は環境のことなど顧みず、陸に戻るために燃料になるものなら何でも喜んで燃やしたことだろう。これと同じようなことが無数に起きている。私たちは日々の暮らしのなかで——部屋を暖めるため、人々の移動のため、商品を世界中に輸送するため、配電網に電力を供給するために——エネルギーが必要になるといつも化石燃料に頼っている。そして、ほとんどの人は化石燃料を手放すことなど想像もできないでいる。

ここ何十年かのうちに、私たちは太陽光や風力を電気エネルギーに変換できる輝かしい新テクノロジーをいくつも考案してきたし、テクノロジーはつねにより良く——より安く——なっていく。しかし、そのような進歩が止まる瞬間もある。私たちはそうしたエネルギー源をうまく捉えて変換することには長けているが、そのエネルギーを後で使えるように貯蔵するのは不得手だ。砂漠に照り付ける太陽は、気温の下がる夜間に私たちが暖を取るのに十分どころか有り余るほどのエネルギーを生み出す。嵐の最中に吹き荒れる風は、嵐のあとに平穏を取り戻すために十分どころか有り余るほどのエネルギーを生み出す。にもかかわらず私たちは、そうしたエネルギー源を効率よく費用効率も高く蓄える方法を依然として見つけ出せずにいる。代替エネルギー源の実用化に際しては、天候に左右される発電量の変動が問題となり、この問題を表す「間欠性」という言葉はバズワードにもなっている。太陽光、風力、その他の代替エネルギーに内在する「間欠性」の問題を克服できるようなバッテリーをどうにか考案できれば、私たちはエネルギー需要のほとんどを満たすために豊かでクリーンな素晴らしいエネルギー源を使用できるようになるわけだ。

アンジー・ベルチャーは研究者としてキャリアを積み始めた早い段階で、この問題を解決する助けになるツールを自分はもっているかもしれないと気づいた。彼女は、初期の助成金申請で提案していたガリウムヒ素やシリコンのような非生物学的物質を半導体用に組織化できるような変異体へとウイルスを「進化させる」研究で成功を収めたあと、自分が開発した新しいツールを使ってバッテリーを構築する案について考えるようになった。彼女の研究は、新たに登場したテクノロジーのトレンドと見事に足並みが揃っていて、時宜を得ていた。

ウイルスと半導体物質の研究成果を受け、彼女はウイルスを用いてナノスケールで物質を配列させることに自信をもった。そして、生物有機体を用いてナノスケールの生物学的要素を有用な構造に配列させる技術がどこまで通用するのかを実験するようになった。「周期表に並ぶ元素のうち、私のウイルスを用いて新しい構造体を構築できる元素はどれなのか。それが知りたかったんです」と彼女は私に話してくれた。元素の種類によっては、彼女のウイルスとの相性が他の元素ほどうまく合わないものもあった。それでも彼女は、金属と金属酸化物がとくにうまくいくことを見出した。この事実は彼女を喜ばせた。なぜなら彼女は、ウイルスと結合するこれらの元素が電極の製造に使えることを知っていたからだ。それはつまり、クリーンで効率がよくて安価な新しい方法でバッテリーを作る道が開けたかもしれないということだ。しかし、このとき彼女が考えていた目標達成の道筋を理解するには、私たちはまず、バッテリーとは何なのかを理解しておく必要がある。

エネルギー貯蔵の新たな手段

私たちの日々の暮らしに不可欠なツールやテクノロジーの多くと同様に、バッテリーが考案されたのは、エネルギーの貯蔵問題を解決するためでも、何か日常の問題を解決するためでもなかった。自然界を理解したいという飽くなき欲求から生み出されたのだ。アンジー・ベルチャーが革新的な考えをもつようになった経緯と同じく、飽くなき探求心と、好奇心に駆り立てられた鋭い観察によって、バッテリーは発明された。

最初のバッテリーの登場は、１８００年にまでさかのぼる。銅製と亜鉛製の円盤を交互に並べ、円盤と円盤の間に塩水に浸した布を挟んで隔てた状態で積み重ねていくと電流を発生させられるのを、アレッサンドロ・ボルタが明らかにした。今では「ボルタ電堆《でんたい》」として知られているものだ。簡単に言えば、一方の金属板から他方の金属板へ電子を移動させることで、化学エネルギーを電気エネルギーに変換している。

電子とは、負に帯電した微小な粒子である。ボルタ電堆では、銅板が正極（カソード）になり、亜鉛板が負極（アノード）になる。交互に積み重ねられた金属板からなる第1世代バッテリーは、バッテリー単独の状態では電荷の移動は起こらないが、金属線のように電気を通す物でバッテリーの両極を接続すると、電子が負極から正極まで流れる。豆電球のような電気装置を回路につなげば、電流をモニタリングすることができる（電流が流れると豆電球が点灯する）。そして最終的には、利用可能な電子がすべて移動し尽くし、金属板の新たな電子を発生させたり受け取ったりする力が使い果たされた時点で、バッテリーとしての寿命は尽きる。もはや電流を発生させることができず、電球の光も消え入り、バッテリーの交換が必要になる。

ボルタは電流の出力を最大化するために正極と負極の金属や電解質液をさまざまに変えながら実験を重ねたが、実用化に耐えるほど十分な電流を発生させることはできなかった。しかし、彼の実験を引き継いだ他の人々によって、電気装置に電力を供給できるほど強力なバッテリーが構築された。ボルタが現代を訪れたなら、私たちが使用している電池がかつて彼の考案した電池の進化版であることに気づいたことだろう。

標準的なバッテリーについては、1つの考え方として、エネルギーを持ち運ぶための装置であると考えることもできる。音楽を聴くために私が飛行機内に持ち込むヘッドホンには標準的な単4電池が入っているが、これも必要なときにいつでも電気エネルギーに変換できる化学エネルギーを持ち歩くための手段にすぎない。自宅にいるときは、壁のコンセントからもっと大量の電気が供給されるが、家庭用の電気が使用できない場合には、その隙間をバッテリーが埋めてくれる。携帯電話やノートパソコンに内蔵されているような再充電可能なバッテリーは、エネルギー貯蔵装置としての機能に一層優れている。電荷が失われても、壁のコンセントなどの外部電源を使用して放電の過程を逆向きに働かせ、負極から正極に移動した電子を負極側の最初にあった場所まで戻すことができる。そして、再び新たに放電を開始できるのだ。

このような可逆的過程は簡単に実現できると思われるかもしれないが、そんなことはない。電子を発生させることも受け取ることも両方できる金属が必要になる。最初の充電可能バッテリーの実用化が成功したのは、ほんの1世紀前のことだ。電極に鉛を使用し、硫酸を電解質として使用したものだった。こうした構成要素のせいでバッテリーは重くて危険なものになったが、それでも信頼性は著しく高く、結果的に私たちは、標準的な高耐久性の再充電可能バッテリーが必要とされる場面の多くで今もまだ鉛酸バッテリーを使用している。たとえば、世界中の路上を走っている車のほとんどで、鉛酸バッテリーが使われている。電気自動車でも、駆動力にはリチウムイオンバッテリーを使用していることがほとんどだが、ヘッドライト、送風機、安全機能の動力には今もたいてい鉛酸バッテリーが使用されている。

近年では、より安全で大幅に軽量化された充電式バッテリーの発達に後押しされて、モバイル電子機器が急速に増えている。現在、リチウムイオンバッテリーは携帯電話、懐中電灯、その他の持ち運び可能な電子機器のほとんどの電力源となっているが、大規模なエネルギー需要を満たすには、経済面でも効率面でも電力量の面でも十分ではない。また、ホバーボードや携帯電話に搭載されているバッテリーには、場合によっては出火するリスクが伴う。バッテリー自体の技術的限界だけでなく、バッテリーの標準的な製造過程にはきわめて高温での処理（すなわち大量のエネルギー

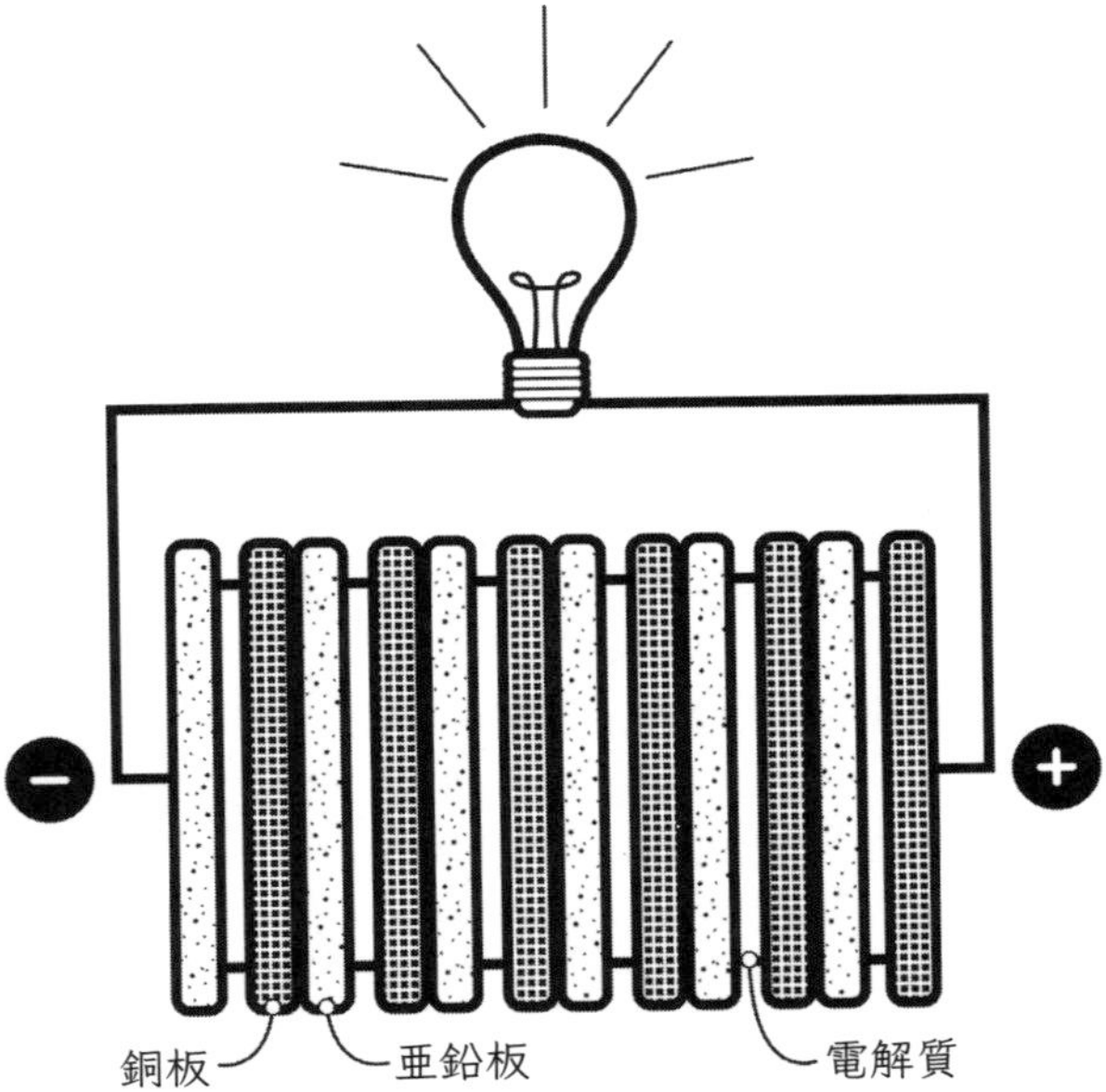

基本的なバッテリーの構成は、交互に並べられた銅板と亜鉛板が対になっていて、対と対の間に電解質の層がある。電子の流れが電線を通って亜鉛板（負極、マイナス極）から銅板（正極、プラス極）へと移動し、豆電球を点灯させる。

消費）が必要なうえに、副産物として有害物質が生成される。具体的な推定値は変動しているが、２０１７年のＩＶＬスウェーデン環境研究所の算出によれば、電気自動車１台分のバッテリーを作り上げる際に生成される廃棄物は二酸化炭素20トン分に相当する。これは、２２５０ガロン（約8・5キロリットル）のガソリンを燃焼させたときに生成される量だ。電気自動車を運転しようなどと高尚なことを考える前に、バッテリーの製造にかかるコスト（エネルギー消費量と二酸化炭素生成量）

や充電のために必要になる電力源（水力発電所で発電するのか化石燃料を燃やして発電するのか）についてじっくり考えるべきだろう。考慮すべきは製造にかかるエネルギーコストの問題だけではない。他の多くの製造過程と同じくバッテリーの製造過程でも大量の廃棄物が生成され、そのなかにはきわめて有害なものも含まれる。すべてを考慮すると、現在、私たちが利用できる選択肢は、急速に拡大しているエネルギー貯蔵の需要に追いつけていない。エネルギー貯蔵のための代替手段を考案することこそが、アンジー・ベルチャーの仕事のモチベーションになっている。よりクリーンで軽くて効率のよいバッテリーの開発に携わっているのは、もちろん、彼女だけではない。世界中の研究者がこの問題に取り組んでおり、ここ数年で数十種類の有望な新テクノロジーが研究室の外で活躍の場を見つけている。たとえば、スタンフォード大学のイー・ツィ（Yi Cui、崔屹）と彼の同僚たちは、より圧縮された状態でより多くの電荷を保持でき、現在のバッテリーよりも持続力を向上させるために、ナノ粒子をデザインした。シンガポールの南洋理工大学（ナンヤン工科大学）のシーシャン・シェン（Ze Xiang Shen）は、リチウムイオンバッテリーの代替となる低コストで安全な電池を目指して、ナノシートデザインを用いたナトリウムイオンバッテリーを開発中だ。そんななかで、ベルチャーは生物学——具体的にはウイルス——の力を借りる方向に発想を転換し、あっと驚くような革命的手法を採用している。

ウイルスをツールとして使う

植物や動物だけでなく単細胞の酵母や細菌まで含めた大半の生物と違って、ウイルスには生命体に備わっている標準的な構成要素のほとんどが備わっていない。細胞壁も核もなく、他の生命体にはある細胞内部の構造体もない。ウイルスを構成しているのは、DNA鎖かRNA鎖と、それを包み込むタンパク質カプセルくらいだ。たったそれだけ。にもかかわらず、ウイルスは地球上のあらゆる生態系で数十億年間、繁栄してきた。昆虫に感染するウイルスが3億年前にはすでに存在したことを示す証拠もある。ウイルスの繁殖力は並外れており、人類が警戒を擁するほどの大成功を収めている。ヒトの体内も含めて多種多様な環境に生息しており、きわめて恐ろしい疾患の原因になることもある。

ウイルスは生物界のミニマリストだ――必要最低限のシンプルな作りをしている――が、その外見は親ウイルスときわめて似ている。髪の色や瞳の色が母と娘で一致するのと同じくらいの割合で一致する。だが、ウイルスは単独ではたいしたことはできない。自己に関する情報はDNAやRNAという形で保持しているが、自己を増殖させるための機構は持ち合わせていない。ウイルスは生存するにも増殖するにも宿主生物に依存する。動物や植物の細胞に感染するのだ。そうやって感染した先が私たちの細胞だった場合、私たちはウイルス性疾患に苦しむことになる。

ウイルスは、私たち人間が遺伝情報を子孫に伝えるのと同じ分子である核酸分子（DNAやRNA）を使って、遺伝情報を世代から世代へと受け渡している。核酸の構造は、二つの重要な役割を果たしている。正確な複製を行うこと（後の世代へ遺伝情報を伝えるためには重要）と、すべての生命体の構成要素となるタンパク質の構築を指示することだ。

核酸の正確な複製は、親から子へ遺伝情報を正確に伝達するために欠かせない。DNA（デオキシリボ核酸）は、並行する2本の主鎖が何本もの横木で互いに接続された梯子のような構造をしている。各横木は「塩基」と呼ばれる1対の分子で構成されており、塩基にはアデニン（A）、グアニン（G）、シトシン（C）、チミン（T）の4種類がある。塩基対の相手は決まっていて、必ずAとT、GとCがペアになる。遺伝情報の内容は、核酸の梯子構造の主鎖に沿って並ぶ塩基の配列順で表されている。RNA（リボ核酸）は、DNAの梯子を縦半分に割ったような構造で、チミン（T）の代わりにウリジン（U）が使われている。塩基対の組み合わせがG－CとA－T（またはA－U）に限られるおかげで、DNA（またはRNA）は細胞または生命体の次の世代へと正確にコピーされる。細胞分裂中に、梯子構造の横木を構成する2つの塩基が双方に分かれる形で、DNAは縦半分に引き裂かれる。2本鎖から片割れを失って1本鎖になったDNAを雛型（テンプレート）として、A－TとG－Cの組み合わせを守りながら新たな片割れとなるDNA鎖が合成されて、再び2本鎖になる。

1953年、『ネイチャー』誌に掲載された1ページの論文でDNA構造について最初に報告したジェームズ・ワトソンとフランシス・クリックは、史上まれにみる偉大な結論を次のような控えめな文言で表した。「私たちが注目せずにいられなかったのは、本稿で自明のこととして提示したとおりに塩基対が特定の組み合わせのみで形成されるのだとしたら、それはそのまま、遺伝物質の

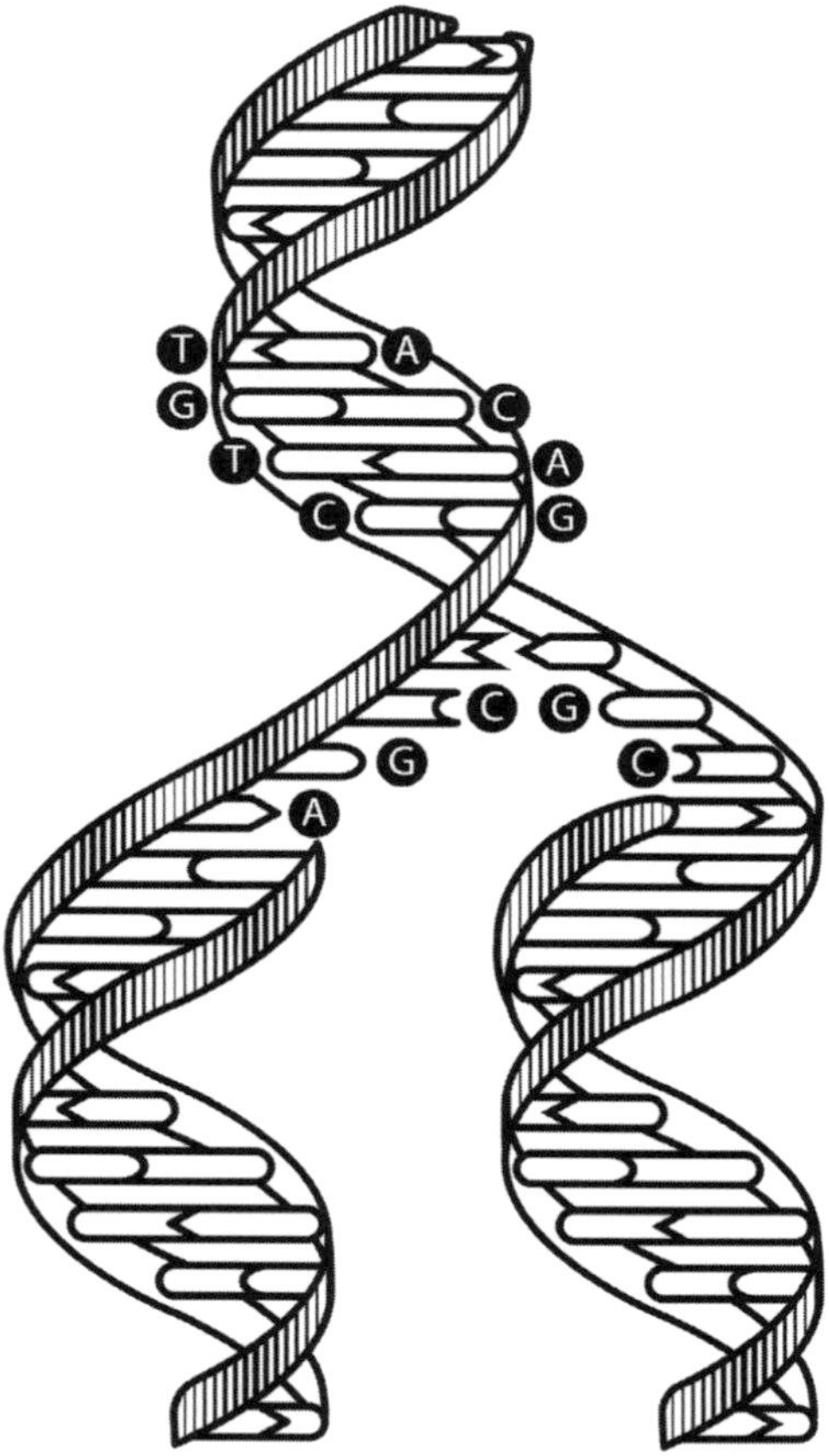

DNA の構造には、自己を複製できる特性がある。この図の上部では DNA は 2 本鎖で、ねじれた梯子構造をしていて、梯子の横木は塩基対でできている。この塩基対はつねに同じ組み合わせで、CとG、AとTがペアになっている。DNA が複製される際には、この塩基対が切り離される（図の中央部）。ペアを失った塩基は新たな相手とペア組んで塩基対（AとT、CとG）を形成し、結果的に、新たに 2 本の DNA 鎖が形成されるが（図の下部）、いずれも元の DNA 鎖とまったく同じになっている。

複製機構となりうる仕組みを示唆しているということだ」。このさらっと書かれた1文は、その後、正しいことが証明されただけでなく、生物学の劇的な新時代──分子生物学の時代──の幕開けをも予言していた。

細胞やウイルスのDNAやRNAは、あらゆる生命体の姿や機能を形作る構成要素であるタンパク質の構築を指示する。ウイルスのDNA（またはRNA）の塩基の配列順は、12種類にも満たないウイルス性タンパク質の組み立て方を示す暗号になっている。同様に、私たち人間を構成するすべてのタンパク質の組み立て方も、私たちのDNAの塩基配列によって指示されている。ウイルスを利用してバッテリーを作るためにアンジー・ベルチャーがまず着手したのは、安全で無害な実験用のウイルス株を遺伝子操作して、バッテリーの構成要素を編成できるようなウイルスを作製することだった。

ウイルスの複製過程は非常に興味深い。かなり思い切った方法で進化的に大成功を収めている。生物学的過程のために必要な機構の大半を自前ではもたずに、他の生命体の細胞（宿主細胞）に侵入し、その細胞の複製機構に寄生する。ウイルスの外側を覆う殻の表面にあるタンパク質で、宿主細胞の表面にある特定のタンパク質に巧妙に結合するのだ。ウイルスのなかには、私たち人間の細胞に結合するものもある。たとえば、インフルエンザウイルスは気道の細胞に結合し、C型肝炎ウイルスは肝細胞に結合する。他のウイルスも、それぞれに動物や植物の細胞に結合する。宿主細胞に取り付いたウイルスは、自身のDNA（またはRNA）を宿主細胞内に注入する。内部に侵入したウイルスのDNA（またはRNA）は宿主細胞の複製機構を乗っ取り、ウイルスを大量に複製するよう宿主に指示を出す。こうなると、宿主細胞には相当な負荷がかかり、本来の細胞過程が減速するか、ほぼ停止状態に陥り、場合によっては死に至る。いずれの場合も、ウイルスに侵入された細胞からは新しいウイルスの軍団が放出され、他の細胞に侵入して複製されることになる。このような複製過程のおかげで、ウイルスは爆発的に増殖するため、私たちの健康に大打撃を与えかねない。風邪、インフルエンザ、HIVによるAIDS、肝炎にかかって苦しんだことのある人なら、誰でも知っていることだろう。

ウイルスが私たちの健康にもたらす脅威は厄介だが、その一方で私たちは、ウイルスを通じて生物学の基礎について多くを学んだ。ウイルスの構造は、エレガントとも言えるほどにシンプルだ。おかげで、実験用ツールとしてもきわめて有用である。科学者たちは、ウイルスを駆使しながら、何十年もかけて生物学的過程を研究してきた。有名なところでは、1952年、アルフレッド・ハーシーとマーサ・チェイスはウイルスを用いた実験によってDNAが遺伝情報の運び手であることを実証し、遺伝形質を伝達する物質がタンパク質なのかDNAなのかという長年の議論に答えを出した。

ウイルスはDNAやRNAを細胞から細胞へ移動させるための最良のツールとして使用されてきた。たとえば、新しいがん免疫療法でも、がん細胞を認識して死滅させることのできる特殊なタンパク質をコードする遺伝子を患者の免疫細胞へと輸送するために、ウイルスが用いられる。そうすることで、がん細胞は外部からの侵入者であるかのように、免疫システムによって破壊されるようになる。実際に、ウイルスはＤＮＡとＲＮＡの輸送にとても適していて、現在も研究者はヒトに害を及ぼさないように特別にデザインされた多種多様なウイルスを実験の標準的なツールとして研究室で使用している。

M13バクテリオファージの改変

ウイルスの形状は実にさまざまだ。20面体のものもあれば、シンプルな球体のものもあるし、小さなロケット船のように片端が着陸装置のような形になっているものもある。いずれも、長い時をかけた進化のなかで生存に適した形に最適化してきた結果だ。当然ながら、バッテリーを構築するために進化してきたウイルスなど存在しないが、バッテリーを作るうえで克服すべき問題のいくつかを解決するにあたって、M13バクテリオファージと呼ばれるウイルスの構造がかなり理想に近いことにアンジー・ベルチャーは気づいた。そして、M13をミクロのバッテリー組み立て工場へと変貌させるために、進化を方向づける方法を編み出した。彼女がM13をベースにして作り出すバッテリーは、より小さなパッケージにより多くの電力を詰め込むことができる。しかも、標準的なバッテリーの製造過程よりも遥かに低い温度で製造でき、有毒物質の排出量も少ない。

このプロジェクトを成功させるには、まず２つの難題を解決する必要があった。１つ目の課題は、バッテリー物質となる金属をできる限り高密度で詰め込むための編成方法を考え出すことだ。

ただし、電子と金属イオンがバッテリー物質の内外を効率よく動き回れるような通り道が必要になるので、バッテリー物質を単に寄せ集めるだけでは不十分だった。つまり、2つ目の課題として、外部から来た電子がバッテリーの電極間を通り抜けていけるように、導電チャネルも設計しておく必要があった。そのためには、金属イオンと結合でき、なおかつ、電子に導線を与えることのできるナノメートルサイズの粒子が必要だった。そして、必要とされている特性の多くを備えていたのが、M13ウイルスだった。

M13ウイルスはチューブのような形をしている——非常に小さくて細いチューブ状で、両端は糸のような房で飾られている。単体の長さは1000ナノメートル弱で、幅は10ナノメートル弱である（1000ナノメートルはヒトの毛髪の幅の約10分の1）。M13の長さと幅の比率は、超ロングタイプのトゥイズラーのリコリスキャンディスティックの比率によく似ている。超ロングタイプは長さが通常タイプの6倍で、幅は通常タイプと同じ（1倍）である。チューブが少しねじれた形になっていて、表面の感じもトゥイズラーキャンディーに似ており、p8と呼ばれる単一タンパク質が2700個ほど寄り集まって構成されている。このp8タンパク質が、きわめて規則正しくコンパクトな配列で並んでいる。ベルチャーは、M13に備わっているこの優れたパッキング力の可能性に着目した。この2700個のp8外被タンパク質の1つ1つを遺伝子操作でうまく加工し、重要なバッテリー構造の足場となるような結合部位に作り変えることができれば、M13を用いて構築された電極は、充電と放電を超高速で行えるものになるだろう。

ベルチャーは生物学者が開発した遺伝子操作のツールキットをすべて駆使してM13を改変し、改良型バッテリーを作った。最初は、M13の変異体のなかからバッテリー物質を高密度でパッキングできるものを特定するために、ファージディスプレイ法と呼ばれる技法を採用した。もともとは免疫システムの分子構成要素について研究するために開発された技法だ。ベルチャーはM13を変異させ、遺伝子のDNA配列がわずかずつ異なる10億通りのM13変異体を作製するところから着手した。それから、この10億個の変異体のなかには目的に適した特性をもつものがいくつかあるはずだという仮説に基づき、金やカーボンナノチューブなど、通常ならウイルスが結合しないような目的物質に結合できる能力の有無について試験した。M13変異体の作製と有望な相互作用力をもつものの選定を数回繰り返して、彼女は目的物質にしっかりと結合するM13変異体をいくつか特定した。

次にベルチャーは、さらに適合性の高いM13を作る段階に進んだ。2700個の天然のp8外被タンパク質を再設計して他の一般的な分子クラスと結合させることができるようになれば、多機能ツールとして使えるようになるだろうと、彼女と同僚たちは考えた。そこで、p8タンパク質に負の電荷をもつアミノ酸配列を与えるようにDNA配列を追加した。こうすれば、1つ1つのp8タンパク質に、正の電荷をもつ粒子——たとえば酸化コバルトのようなバッテリー物質——が引き寄せられてくっつくような粘着性末端をもたせることができる。この手法の威力を想像してみてほしい。ベルチャーの新しい改変型M13ウイルスには、正の電荷を帯びた金属粒子の結合部位となる粘着性末端が2700個あるわけだ。

ベルチャーはそこで立ち止まりはしなかった。M13の2700個の分子にバッテリー構成要素のための接着部位を作ったことは大きな進歩だったが、電極から電極へ移動する電子とイオンがスピーディーに流れるようにしてやる必要もあった。この問題に取り組むために、彼女はM13のもう1つのタンパク質であるp3タンパク質に目を向けた。M13の筒状の中核部の片端にある糸状の房の部分を形成しているタンパク質だ。自然界では、M13ウイルスのp3タンパク質は宿主細菌である大腸菌の表面に結合する——M13がバクテリオファージと命名されているのはそのためだ。p3が細菌に結合できるのなら、バッテリー中を駆け抜けなければならない電子と荷電金属イオンの導線となるような物質と結合するようにp3を改変できるかもしれない、とベルチャーは考えた。彼女と同僚たちは再びファージディスプレイ法を用いて、イオンの導線になることがよく知られている単層ナノチューブに結合可能なp3変異体を特定した。

このような研究を重ねたすえに、ベルチャーはきわめて特異的に改変されたM13ウイルス変異体のライブラリを作り上げた。いずれの変異体もバッテリーの構築に役立つ1~2種類の物質と結合できた。なかには、金のような物質との特異的な相互作用を媒介するように改変されているものもあれば、酸化コバルトやリン酸鉄のような荷電粒子と相互作用できるように、イオン性物質との非特異的な相互作用を媒介するように改変されているものもあった。カーボンナノチューブと結合して電子の輸送を加速させるものもあれば、M13のスーパー変異体を創り出すために2遺伝子系に改変されたものもあった。こうして手に入れた新たなツールを使って、ベルチャーの研究室ではウイ

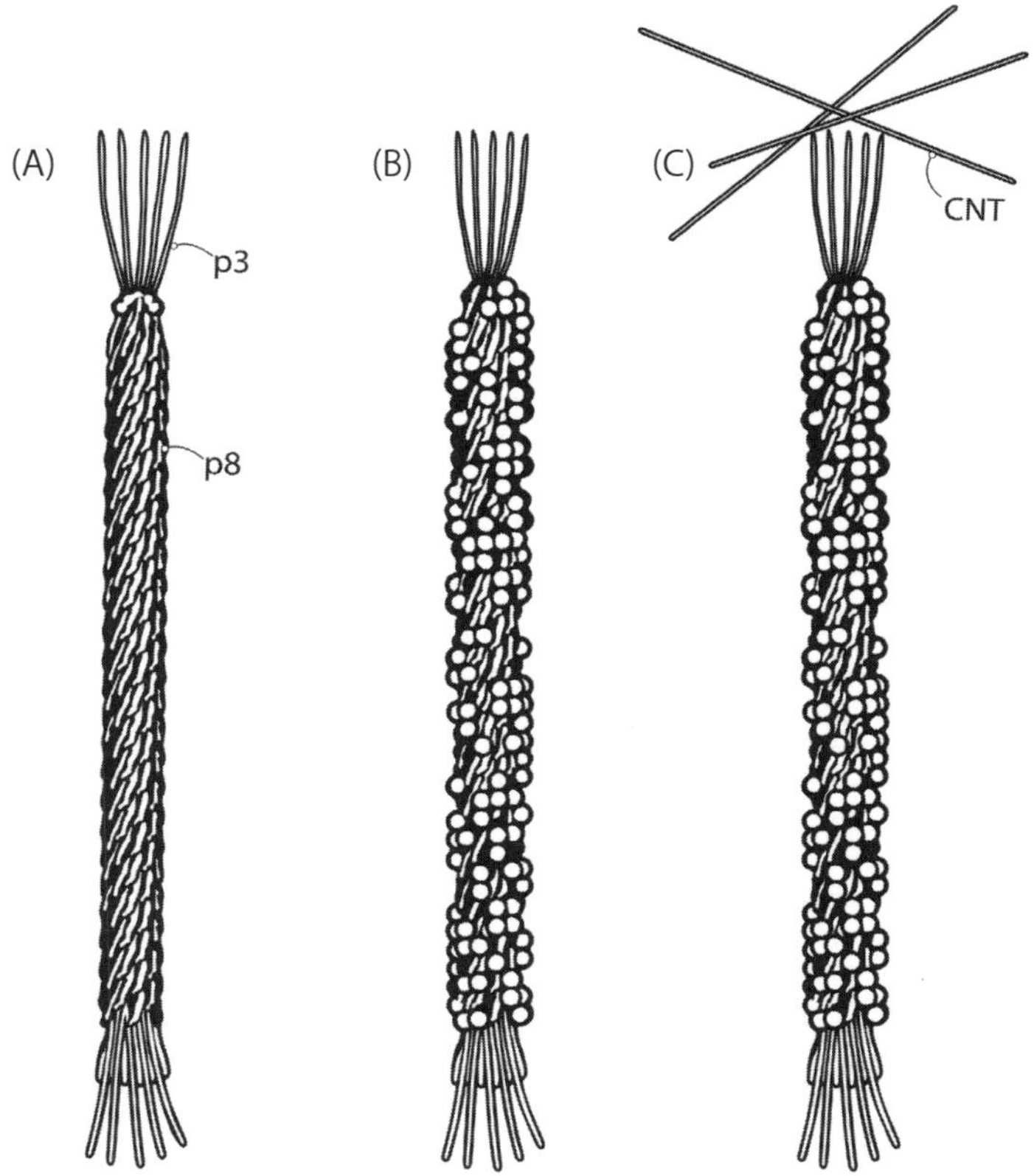

M13ウイルスは、バッテリー物質と結合するように改変できる。（A）M13ウイルスは細長い筒状の形をしていて、2700個のp8タンパク質が寄り集まって芯のような中核部を形成している。片端には数本のp3タンパク質からなる房がついていて、通常はこの房を介して宿主細胞に接着する。（B）酸化コバルト（小さな球体）などのバッテリー物質と結合できるようにp8タンパク質を改変したM13変異体。酸化コバルトの粒子が筒状の中核部の表面を装飾するように付着している。（C）M13にさらに改変を加え、p3タンパク質が単層カーボンナノチューブ（CNT）に結合するようにしたもの。

ルスベースのバッテリー電極の製造を開始した。

分野の垣根を越えた思考

このようなウイルス工場を自分の目で実際に見てみたいと思った私は、ベルチャーの研究室を訪ねた。するとベルチャーは、彼女の研究室に所属する熱心な大学院生の1人、アラン・ランシルを私の案内役に指名した。ランシルはバッテリーに夢中だった。いや、エネルギー貯蔵の未来について興奮気味に語るランシルの情熱は「夢中」という言葉ではとても表現しきれないほどだった。彼は自分が理解している内容とその先の野望について私に伝えようと熱く語った。

ランシルがベルチャー研究室の扉を開くと、どの実験ベンチにも先進的なテクノロジー装置とツールと実験材料がたくさん並んでいた。何人もの大学院生とポストドクターがそれぞれに目的をもって装置から装置へと移動したり、実験ブースや部屋を出たり入ったりと、絶えず動き回っていた。ベルチャーの研究は世界中の若き研究者たちを惹きつけ、集まってくる研究者の出身分野は十数の分野に及ぶ。彼女の研究室には常時20人近い研究者が所属していて、滞在期間は半年から数年までさまざまだ。ランシルは学部生のころは卒業研究としてスタンフォード大学で太陽電池のための新素材の開発に注力していたが、今は腕時計のベルトや車のダッシュボードのような新しい形状のバッテリーをデザイン設計する常駐専門家となっている。ニュージーランド出身のゲランは、材料工学分野での経験があり、今は硫黄ベースの大容量バッテリー電極の設計に従事している。イスラエル出身のニムロッドは、生物学の経験があり、今はバッテリー用バクテリオファージの3Dプリントについて研究している。他にもトルコ、インド、日本、米国、中国、カナダ、英国、ドイツ、韓国、その他の国々から応用物理学、化学工学、生物学、材料科学の学位を取得した新進気鋭のエネルギー専門家が集まっていて、まさに国際連合チームだ。彼らはもちろん、それぞれに個別のプロジェクトを抱えていて、信じがたいほどの目的意識をもって取り組んでいるが、それ以外にも廊下で交わされるちょっとした会話からいつどんなアイデアが生まれ出ないとも限らない。遺伝子操作によって天然ガスをガソリンに変えることのできるウイルスを作り出せるとしたらどうだろうか？　がんの手術をもっと効率化するために小さな腫瘍細胞集団を可視化できる新手法を考案することは可能だろうか？

そんな突拍子もないアイデアの大半は、すぐに放棄される。しかし、研究室の枠を超えて発展していったアイデアもいくつかある。ベルチャーの研究室からスピンアウトする形で設立されたシルリア社は、天然ガスをガソリンやその他の液体燃料に変換し、メタンとガスをより安価に輸送し貯蔵できる方法を提供する見込みだ。もうひとつ、この研究室から生まれて最近、臨床試験に移行したばかりのプロジェクトがある。ベルチャーと同僚たちが設計した新規画像化テクノロジーを使用することで、卵巣がんの手術をより効果的にガイドできるかどうか、そして患者の生存率を向上させられるかどうかが試験されている。

私のために研究室を案内してくれたランシルは、部屋から部屋へと移動しながら、ウイルスを利用してバッテリーを構築していく工程を実演してくれた。ベルチャーのウイルスライブラリを貯蔵するための冷凍庫がずらりと並んだ保管室に入室すると、冷凍庫の1つの扉を開けて中を見せてくれた。5インチ（約13センチメートル）四方の箱の中にバイアル〔無菌状態を保てる小さな容器〕が12行12列に並べて保管されていた。ランシルは冷凍庫から1箱取り出し、144本のバイアルのうち1本を慎重に抜き出すと、箱を棚に戻して冷凍庫の扉を閉めた。ランシルの身のこなしは素早かった。庫内の温度変化を最小限に抑えるためだ。ウイルスライブラリのサンプルが劣化するのを防ぐために、冷凍庫内の温度は摂氏マイナス80度に保たれている。

ランシルは、ウイルスを感染させるための宿主細菌のコロニーをあらかじめ準備していた。私は、彼が凍ったウイルスサンプルを慎重に解凍してから感染させるために細菌に添加するところを見せてもらった。そうやって感染させた細菌培養液を、まずは、小さなフラスコに入った液体培地に移し、撹拌機に載せ、摂氏37度（ヒトの体温）で12時間培養して感染を拡大させる。それから、その培養液をより大きな容器に移して培養し、それをさらに大きな容器に移して培養していく。そうやって10の16乗にまで増殖したウイルスを宿主細菌から精製する。彼は、室温の部屋の実験ベンチに置かれた実験材料を低温室のホットプレート上に移動させて溶液を撹拌するまで、多様な工程を見せてくれた。どの工程でも注意深く計算したうえで、各成分を精製してから、適切なタイミングで最適な濃度になるように正確に混合する。1つの実験ステーションから次の実験ステーションへ歩いて移動する途中で、私は頻繁に立ち止まり、廊下の壁に貼られた略図を眺め、ウイルスベー

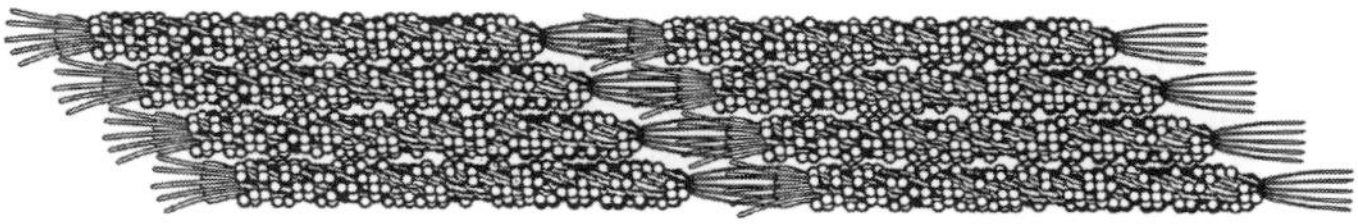

M13の構造が自己組織化を促し、電極材シートが構築される。

スのバッテリーの製造工程を確認した。そうやって製造工程の全体を眺めると、料理本を見ながら料理するのに少し似ているようにも感じられたが、1つ大きく違う点がある。このレシピは最初から最後までランシルと同僚たちが自分で書いたものであり、しかも、絶えず改良が重ねられている。

混合し、増殖させ、精製し、融解させ、計量し、乾燥させるまでを終えたら、いよいよバッテリーの構築だ。実験室に入った私たちを出迎えたのは、黒いゴム製の腕だった。実験ベンチに設置されたガラス製の密閉ケースから伸びる黒いゴム製の腕が手指を広げていた。ランシルの説明によれば、このゴム製の腕の正体は手袋で、ガラスケース内に一定の圧でアルゴンガスを充満させているため、その圧力で手袋がケースの外向きに膨らんでいるとのことだった。アルゴンは非反応性で、比較的安く、ケース内の環境を基本的に酸素も湿気も含まない状態に保つことができる。大気中の酸素と湿気は、バッテリーが構築される前にバッテリー構成要素を破壊してしまう。

ランシルは手袋に手を入れ、ケースの内側に押し込んだ。これで彼は、アルゴンが充満したケースの中で作業ができる。2本のピンセットを用いて、底の平らな円形のバッテリーケースのなかにバッテリー構成要素を積み上げていった。ケースの片面を実験用の紙製ウルトラクリーンシートの上に

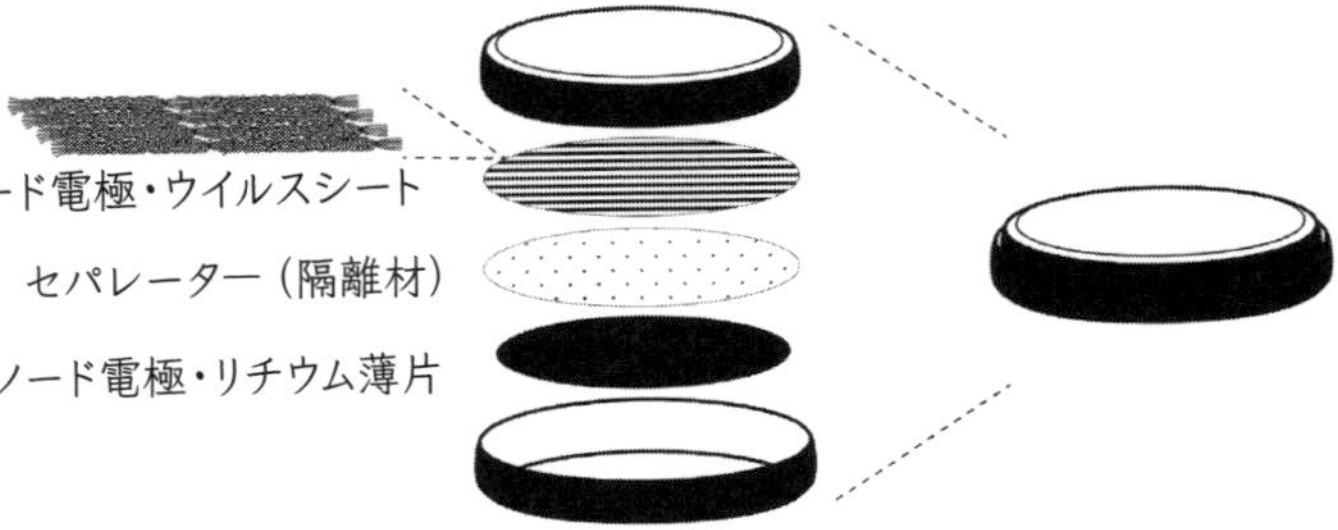

ウイルスベースのコイン電池の構築。リチウム薄片の層がアノード（負極）となり、改変型M13ウイルスの層がカソード（正極）となる。構成要素の層をすべて積み重ねたものを、コイン電池のケース内に入れて密閉する。

置き、バッテリーを構築していく。最初に、アノード（負極）として機能する円盤形のリチウムの薄片を敷く。次に、電解質溶液を数滴垂らし、プラスチックのセパレーター（隔離材）を重ねたら、再び電解質溶液を数滴垂らし、そのあとで、別の円盤を重ねる――これも金属の薄片のように見えるが、その実体は、ウイルスを利用して作られたバッテリーのカソード（正極）である。

ランシルはさらに数滴の電解質溶液を加えると、バッテリーケースを閉じた上から圧着させて密閉し、バッテリーの完成を宣言した。

ランシルの作ったバッテリーは、腕時計の電池交換の時に用いるコイン電池と同じように見えた。外観も変わらない。ベルチャーの研究室では、標準的なバッテリーケースのなかに生物学を利用して作った新規のバッテリー構成要素を詰めている。そうすれば、従来型の電子機器に電力を供給できるからだ。

私はいつだって実験室が大好きだった。その風景、臭い、装置を愛している。だが、なかでもとりわけ好きなのは、仕事ぶりの熱心さと、その場で共有される、不可能を可能にする協調の精神だ。ベルチャーの研究室は、私が長年過ごした神経生物学研究室のことを思い出させる。だが、アンジー・ベルチャーは前例のない予測不可能な方法で生物学と工学を融合させていた。その全貌を理解しようとすると、私の頭は混乱した。

先日の午後、私たちはエネルギーの未来について話していたが、ベルチャーは途中で席を外さなければならなかった。研究グループのメンバーと定例で開いているブレインストーミングの会に参加するためだ。「私はこの会がとにかく好きで。みんなで一緒に考えるうちに、誰かが新しいアイデアを思い付くと、ぞくぞくするんです」と彼女は言った。私もその気持ちはよくわかる。それこそが協力して考えることの醍醐味だ。分野の垣根を越えたベルチャーの独創的な思考はまさに天才的で、しかもベルチャーには、そのような思考を助長させる天賦の才もある。２００４年にマッカーサー基金から「天才賞」を授与された理由もそこにある。

エネルギー革命の最前線

ベルチャーは、ウイルスのおかげで可能になった新しいツールと技術を用いて、1歩ずつ着実に、バッテリーに不可欠な構成要素をすべて集めて組み立ててきた。２００６年に、ウイルスを用いたアノードの構築に成功したことを発表し、２００９年に、同じくカソードの構築の成功を報告した。エネルギーを貯蔵するために必要なバッテリーの両方の電極をウイルスの力で改良できるというアイデアは、広く注目を集めた。２００９年の秋、持続可能なエネルギーの未来を作ることに国をあげて取り組む姿勢を強調するためにバラク・オバマ大統領がＭＩＴを訪れたとき、私たちは彼に有望な新エネルギー技術をいくつか紹介したが、そのなかにウイルスベースのバッテリーも含まれていた。ベルチャーは、先駆的な生物学的製造過程を実現させるために新物質を発見するという自分の研究目標について大統領に説明し終えると、ポケットサイズの周期表を手渡し、「窮地に立たされ、分子量を計算する必要に迫られたら、これをお使いください」と伝えた。すると大統領は間髪いれずに「ありがとう。周期的に見るようにします」と返した。

現在のバッテリー製造過程はエネルギーを大量に消費し、かなりの量の有害廃棄物を生む。しかし、ウイルスを用いて作られるベルチャーのバッテリーの構築は、アワビの殻のように環境に優しい。これは、人類が抱えるエネルギー貯蔵問題を解決するうえで重要な貢献となる。ベルチャー自身も、自分たちが成し遂げた仕事に正当な誇りを抱いている。「この生物学的バッテリーはすべてが室温で作られ、有機溶剤をまったく使用せず、有害物質を環境に与えることもないんです」と彼女は私に言った。標準的なバッテリーの製造過程では、摂氏１０００度近い高温が必要とされ、セル製造フェーズでバッテリーのキロワット時間あたり約１５０〜２００キログラムの二酸化炭素に相当する廃棄物が出る。それに比べれば、ベルチャーの製造法はエネルギー貯蔵問題に大きな進展をもたらす。

しかし、ベルチャーはそこで立ち止まったりはしない。彼女が次に挑むのは、彼女の最先端のウイルスベースバッテリーで、エネルギーを輸送したり貯蔵したりする以上のことができるかどうかという問題だ。車の重量が増えるのを大人しく受け入れるのではなく、バッテリーをダッシュボード型やシートカバー型、ドアパネル型にできないものか？　それができれば、ウイルスベースのバッテリーをＭＩＴの研究室から市場へと送り出す「キラーコンテンツ」となり、彼女の研究室から生まれた他のスタートアップ企業の後を追うことになるだろう。

ベルチャーは現在とは根底から異なるエネルギーの未来に自信をもっている。そして、その自信をエネルギー革命の最前線にいる多くの開拓者と分かち合っている。エネルギー経済はいつまでも石油に頼ってはいられないことを、彼女は認識している。世界の原油生産量が２倍以上に増えた１９６２〜１９８６年にサウジアラビアの石油相を務めたシェイク・ヤマニでさえ、この真実を理解していた。かつて彼はこう言った。「石器時代が終わりを迎えたのは、石不足のせいではなかった。石油時代が終わりを迎えるのも、石油不足のせいではないだろう」

もちろん、私たちはまだ石油時代を生きている。だが、アンジー・ベルチャーと同僚たちは、生物学の英知を活用することで石油時代を終わらせる後押しができるはずだと信じている。

3

浄水革命▼

タンパク質マシンを水フィルターに

ノーベル化学賞への扉を開く

１９８０年代、ピーター・アグレは思いがけず、水に関する私たちの考え方を一新するような発見をした。メリーランド州ボルチモアにあるジョンズ・ホプキンス大学医療センターの血液科で新任の研究医をしていたアグレは、発育中の胎児に損傷を与えかねない恐ろしい問題であるＲｈ血液型不適合の原因タンパク質の研究に着手したいと考えていた。Ｒｈタンパク質は赤血球の表面に存在し、母親の赤血球表面にあるＲｈタンパク質と発育中の胎児の赤血球表面にあるＲｈタンパク質が適合しない場合に、母親の免疫システムが胎児の赤血球表面のＲｈタンパク質を攻撃する。この免疫攻撃によって発育中の胎児の赤血球が死滅すれば、胎児は酸素を奪われることになり、多くの問題が生じ、場合によっては死に至る。Ｒｈ血液型不適合から胎児を守る方法についてはすでに多くの進展があったが、Ｒｈタンパク質はまだ同定されておらず、Ｒｈタンパク質の正常機能もわかっていなかった。

アグレはこれらの謎を解き明かそうと心に決めた。古典的な手法に従い、一度で決着をつけようと、Ｒｈタンパク質を同定するのに十分な量のＲｈタンパク質を赤血球の細胞膜から精製しようとした。大量の赤血球細胞からスタートし、細胞成分の懸濁液から細胞膜を分離した。次に、赤血球細胞膜に含有される他のタンパク質からＲｈタンパク質を単離するための処理工程を入念にデザインした。だが、最終工程に移る段階になって、彼は大いに驚き落胆した。混入物を発見したのだ。その混入物は、彼が入念に考えた複雑な精製過程の途中で検出されることなく、最後までＲｈタンパク質と一緒についてきた。彼がどんなに注意深く作業しても、実験を何度やり直しても、その混入物を取り除くことはできなかった。

腹立たしかった。研究室で働く科学者であれば誰もが知っている苛立ちだ。事前にあらゆる準備を重ね、幾度も確認し、照合したにもかかわらず、きわめて高純度であるはずのサンプルが、実際にはあまり純度の高くない状態であると判明する。最初はその結果を信じられずにいるが、そのうち、実験プロトコルに問題があったのではないかと考えるようになる。そして、胃が縮むような敗北感に見舞われる。それでも、やがて考えうる理由を羅列し、その一覧をひとつずつ検証していく作業に入ることになる。実際に、アグレと同僚たちも同じことをした。最初のうちは彼も最高条件での解決を望んだ。混入タンパク質の正体がＲｈタンパク質の断片であることを願った。しかし、より詳しい解析の結果、残念なことに、混入物はＲｈタンパク質の断片ではなく、これまでにまだ同定されていない別のタンパク質であることが明らかになった。この混入物の正体が何で、どんな働きをしているのか、アグレには見当もつかなかった。それどころか、この混入物の単離が、ある発見につながり、やがては２００３年のノーベル化学賞の受賞理由になり、浄化された真水を世界中に供給するという革新的な可能性の扉を開くことになろうとは、夢にも思っていなかった。

謎のタンパク質と水問題

私たちは水なしでは生きられない。人体の50パーセント以上は水でできているし、飲料用だけでなく農業、輸送業、製造業でも水の供給に頼っている。水はいたる所に存在する。地球の表面の約70パーセントは水で覆われている。その量は３垓《がい》（３×10の20乗）ガロン（約11・４×10の20乗リットル）に及ぶ。しかし、そのほとんど――95パーセント以上――は塩辛い海水で、飲むこともできず、農作物への潅水用にもその他の用途にも使用できない。

私たちが生きていくためには真水が必要だが、地球上の全水量に占める淡水の割合は５パーセントにも満たない。しかも、その大半は氷床中、土壌中、大気中に含まれる。私たちが利用できるのは地球上の真水のわずか1パーセントほどなのだ。私たちが知る「生活」を支えるには、それではすでに足りなくなっている。現在、10億人を超える人々が飲料水を飲むことができず、先進国でも後進国でも干ばつが頻繁に起きている。私たちにはもっと多くの真水が必要だ。そして、真水を手に入れるには、いたる所に大量に存在する海水や汚染水を浄化すればいいことは誰の目にも明らかだ。

浄水は、大昔から人類の生存にとってきわめて重要だった。紀元前1500年ごろには、古代エジプトの壁画に濾過《ろか》による浄水作業の様子が描かれているし、古代ギリシアの哲学者アリストテレスは蒸留による浄水について書いている。それ以来、浄水の技術は格段に進化したものの、私たちはいまだに昔と同じ2つの主要な基礎技術に頼って浄水を行っている。4000年かけて改良に改良を重ねてきたが、蒸留と濾過による浄水では、増大し続ける需要を満たすにはあまりにも時間とお金がかかりすぎるし、エネルギー効率も悪すぎる。人類には、これまでとは劇的に異なるまったく新しい浄水方法が必要だ。そして、そんな新しい可能性を垣間見せてくれたのが、1992年のピーター・アグレの発見だった。当時、彼自身はそのことにまったく気づいていなかったが、その後の研究で、私たち自身の体内に存在する謎のタンパク質こそが人類の水問題の答えになるかもしれないことがわかってきた。

アクアポリン

1988年、アグレは新規の赤血球細胞タンパク質を同定したことを報告する論文を発表した。その論文のなかで彼は、そのタンパク質の役割は「不明」だと明かしている。そのような記述は、謙虚な科学者でなければなかなか書けない。アグレはその謎のタンパク質が何をしているのか頭を悩ませていたが、その謎解きに大きな進展のないまま、1991年、彼は家族とキャンプ旅行に出かけた。

アグレの家族はアウトドア活動が大好きで、クリスマス休暇もナショナルパーク（国立公園）のキャンプ場で過ごすことが多かった。その年もアグレ夫婦は、どこのパークに行こうかと子どもたちに尋ねた。すると子どもたちは、間を置かずに声を揃えて「ディズニーワールド！」と答えた。そこでアグレ夫婦はその年の行先をフロリダに定めた。ただし、教育熱心だった彼らは、子どもたちの希望をそのまま叶えたりはしなかった。荷物を車に詰め込んで向かった先はエバーグレイズ国立公園だった。とはいえ、子どもたちの選択にも譲歩して、長い帰路の途中でディズニーワールドにも立ち寄り、ジェリーストーン公園でキャンプした。そしてそのあと、ボルチモアに戻る道中で思い立ち、チャペルヒルにあるノースカロライナ大学（ＵＮＣ）に寄ることにした。アグレの古い友人であり良き師でもあるジョン・パーカー博士のもとを訪れたのだが、これが幸運につながることになる。

血液科と腫瘍科の臨床医であるパーカーは、アグレの臨床研修医時代の指導医だった。よくあることだが、パーカーはアグレの研修期間が終わったあとも信頼できる師であり続けた。赤血球細胞膜を研究するようにアグレの背中を押したのもパーカーだった。ディズニーワールド後の訪問の際も、アグレは謎のタンパク質のことが頭から離れず、困惑させられるばかりの実験結果についてパーカーに話した。謎のタンパク質は、時間をかけて入念な手法で精製しても、正体を見せないままＲｈタンパク質についてくる。また、このタンパク質が腎臓で大量に発現されることを突きとめたが、腎臓にはRhタンパク質はなかった。いろいろ試してみても、謎のタンパク質の正体を明らかにできなかった。こうした事情をアグレは長々と説明したわけだが、それを聞いたパーカーは、さほど時間もかけずその正体を暴いた。腎臓細胞と赤血球細胞には、いずれも細胞膜が大量の水を通過させるという共通点がある。その事実に気づいたパーカーは、アグレが発見したのは、長らく探し求められていたが一向に見つからなかった「水チャネル」ではないかと推測した。そして、科学者が長年追い求めてきた問い――水はどのように細胞膜を通過するのか――の答えを、アグレの謎のタンパク質が与えてくれる可能性があるとも考えた。

この問いの重要性については、科学者はずいぶん前から認識していた。私たちの体を構成している約35兆個の細胞の1つ1つが、細胞膜を通過する水を注意深く監視して調節している。水専用のチャネルタンパク質が存在するにちがいないと理論立てる科学者もいたが、膨大な努力が費やされたにもかかわらず、水を通過させるタンパク質は見つかっていなかった。とくに血液学者らは、細胞が内と外の水分バランスを適切に保つ仕組みに強い関心をもっていた。というのも、赤血球細胞は肺から全身の組織へ酸素を輸送し、二酸化炭素を肺に戻すという役割を果たすために細胞内の水分量を適正に維持する必要があるからだ。赤血球細胞は水で膨らんでいるときにしか生命維持に必要な「荷物」を運べない。そんなわけで、そのようなタンパク質が本当に存在するなら赤血球細胞から大量に見つかるはずだ、と予測できたのだ。

水を調節する機能が細胞の生存にとっていかに重要であるかをわかっていたからこそ、多くの科学者が水チャネルを見つけようと試みてきた。水は「浸透」と呼ばれる過程を通じて受動的に細胞の内や外へ流れる。どちらの方向に流れるかは、細胞膜のどちら側の水に何がどの程度の濃度で溶けているかによって決まる。浸透は、膜やフィルターの両側で水溶液の濃度が均等になるように働く。簡単な例で言えば、水を通すフィルターで純水と塩水が隔てられている場合、フィルターの両側の塩分濃度が均等になるまで、水は純水側から塩水側へ流れ、塩水の濃度は希釈されていく。

だが、水はどうやって細胞膜を通過したのか。1991年にアグレがパーカーのもとを訪れた当時、大半の研究者は、きっと水は専用の孔やチャネルがなくても細胞を出入りできるのだろうと考えるようになっていた。他のフィルターを通過するときと同じように細胞膜を通過するときも水は自然に拡散していく、というモデルが受け入れられていたのだ。

ところがパーカーは、そのようなモデルに反して、アグレが見つけた謎のタンパク質こそが水チャネルなのではないかと考えた。このパーカーのアイデアにアグレも興味をそそられた。だが、実際に追究するに値するアイデアなのかどうか、迷いもあった。ほとんどの人が存在しないと信じているタンパク質を研究することになるのだ。そんなことをして、広く受け入れられている科学的モデルが実は誤りであると、本当に証明できるのか？　努力しても無駄に終わる可能性が高いことはわかっていた。すでに他の何人もの研究者が水チャネルを追い求めて何も得られずに終わるのを見てきたからだ。それに、このアイデアを追及するとなれば、これまで続けてきたRhタンパク質の研究からは離れることになる。このアイデアを捨てるほうが賢明だろう。だが、捨てられなかった。アグレは、無駄に終わるかもしれない道へと突き進むことに決めた。

この謎のタンパク質の正体を突きとめるために、アグレは実験の方向転換を余儀なくされた。謎のタンパク質が実際に水チャネルであることを証明するために、このタンパク質を他の種類の細胞——通常なら細胞膜が水を通過させない細胞——で発現させたときにどのように機能するかを調べることにした。アグレと同僚たちは、この謎のタンパク質をコードするDNA鎖を特定し、そのDNAをRNAにコピーした。このRNAを別の細胞に注入すると、そのRNAの指示に従って、その細胞内で謎のタンパク質が作られることになる。アグレの研究戦略は、実験細胞に謎のタンパク質を作らせたうえで、パーカーの提言どおりにそのタンパク質が水チャネルを生み出すかどうか、つまり実験細胞の細胞膜を水が通過できるようになるかどうかを確認するというものだった。

アグレはカエルの卵を使ってパーカーのアイデアを試した。なぜカエルの卵なのかって？カエルの卵は、何日間もずっと池の水のなかに沈んでいても、新しいカエルが育つために必要な栄養のすべてを卵の内側に留めたまま膨らんだ形を維持しているからだ。卵の内側は塩濃度もタンパク質濃度もきわめて高いのに、卵の外から水が入り込んでいる様子はない。つまり、カエルの卵を包む膜には水を通過させる仕組みが備わっていない、ということになる。

アグレの実験デザインは、なかなか単純明快だった。まず、謎のタンパク質のRNAを1塊りのカエルの卵に注入する。対照実験として、もう1塊りの卵には水を注入する。RNAを注入された卵は、理論上、RNAの指示に基づいて謎のタンパク質を産生するはずだとアグレは考えた。注入後、塩濃度を調整した生理食塩水に卵を沈めた。数日後、どちらの卵も見た目は同じだったが、ここで、彼はある試験を行った。両方の卵を純水の中に移したのだ。対照用の卵はカエルの卵らしい形を保ったままで、何も起こらなかった。ところが、謎のタンパク質を産生した卵は違った。「ポップコーンみたいに破裂したんだ」と、アグレは嬉しそうに私に語ってくれた。

いったい何が違ったのか。導き出せる答えは1つだけだった。謎のタンパク質のRNAから作られた水チャネルタンパク質が、卵の膜に挿入され、水チャネルが形成されていたのだ。卵の外側の水の塩濃度が内側と均等になるように調整されていたときは、どちらの卵も同じような外見だった。しかし、卵を純水の中に移すと、RNAを注入された卵は、膜に水チャネルが形成されていたため細胞内に水が流れ込み、その内圧で破裂したのだ。

見事な証明だった。偶然おとずれた小さな幸運と頭脳明晰な推理のおかげで、アグレは誰も見つけられなかった水チャネルを発見したのだ。彼はこのタンパク質を「アクアポリン」と名づけた。間もなく、彼が発見したアクアポリンの他にも同様のタンパク質が見つかり、現在では、動物、植物、細菌、真菌類――事実上、地球の全生物――でアクアポリンファミリーのタンパク質が見つかっている。

水だけを細胞に出入りさせる仕組み

アグレの輝かしい生物学的発見は、科学者だけでなく、技術者や起業家からも注目された。水チャネルに注目した人々のなかには、現在、大規模な浄水システムを世界に展開したいと願って開発に取り組んでいる人たちもいる。水チャネルは細胞のためにどう働くのか、そしてそれを人類は浄水のためにどう利用しようとしているのか。そのことを理解するには、まず、タンパク質の性質や機能について考える必要がある。

私はよく、タンパク質のことを小さな機械として思い描く。細胞や組織のために高度に専門化された仕事を遂行できるように設計された「タンパク質マシン」だ。そうやって機械に例えて考えると、タンパク質の役割を理解しやすくなる。アクアポリンの働きは、特殊な自動応答装置で身元を確認できた車のみに入場を許可する駐車場ゲートに少し似ている。そのゲート——つまりアクアポリンチャネル——の構造は、水の原子シグネチャ〔原子レベルの特徴的な性質〕を識別し、水分子に特有のシグネチャをもつ分子のみを出入りさせるようにできている。塩分や酸など、水分子以外の分子が通ろうとすると、ゲートは遮断される。

だが、通常のゲートとは異なり、タンパク質マシンの部品は金属やプラスチックから成型されたわけではない。タンパク質は、ビーズを連ねた紐のような構成をしている。それも、きわめて精密な順序で連ねられたビーズの紐である。

タンパク質の紐を構成するビーズの正体は「アミノ酸」と呼ばれる分子で、21種類ある。このアミノ酸で構成された紐は、自然にくねくねと曲がりくねって折り畳まれ、秩序正しい構造をつくり、タンパク質マシンの部品を形成する。２つの重要な特徴のおかげで、タンパク質はそれぞれ固

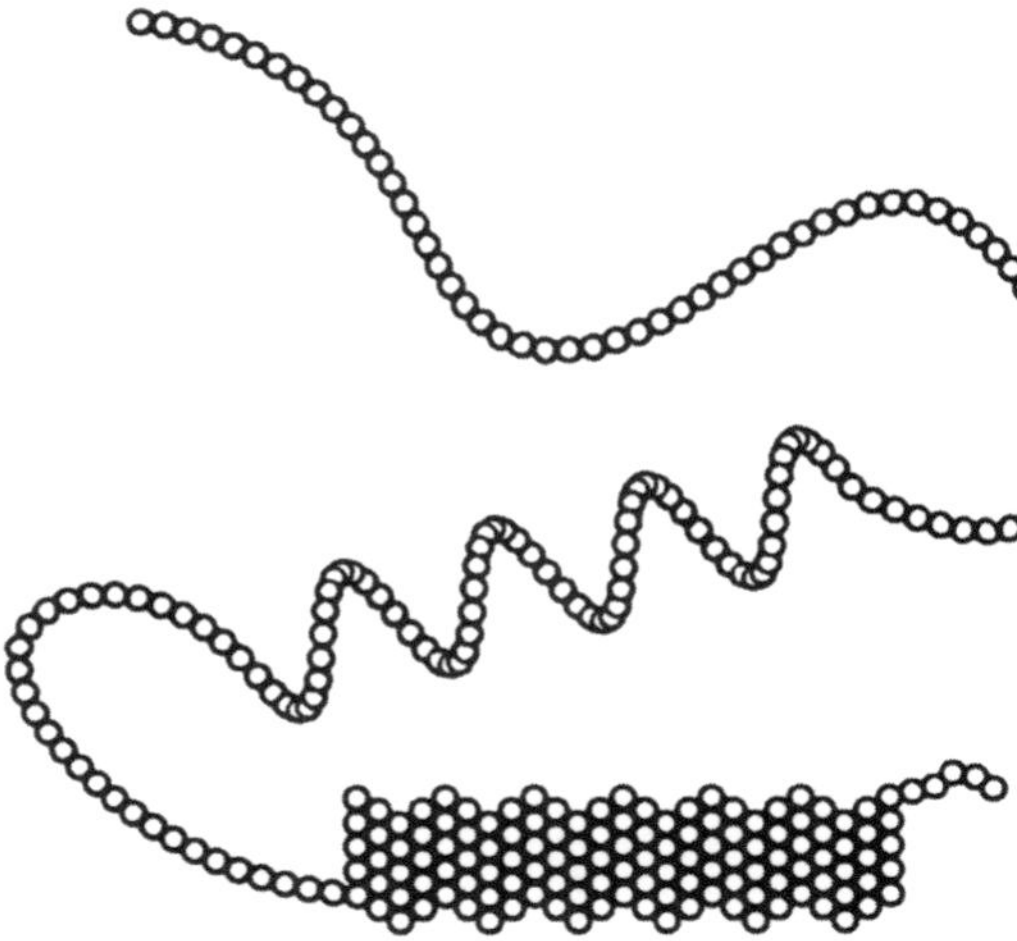

タンパク質は、紐状に連なったアミノ酸で構成されていて、ビーズを連ねた紐に似ている。アミノ酸の配列は、核酸（DNA または RNA）の塩基配列によって決まる。21 種類の標準的なアミノ酸それぞれの化学的性質によって、タンパク質の紐を構成するアミノ酸同士が互いに引き合ったり反発し合ったりすることで、タンパク質の構造はおのずと決まる。アミノ酸同士の引力と反発力の働きで、タンパク質はらせん形に曲がったり（図の中央部）、シート状に折り畳まれたり（図の下部）、他の構造に収まったりする。

有の構造と機能をもつことになる。１つ目の特徴は、タンパク質を構成するアミノ酸の配列がタンパク質の種類ごとに異なることだ。アミノ酸は21種類しかないが、標準的なタンパク質は１００個以上のアミノ酸で構成されるので、可能な組み合わせは膨大な数になる。２つ目の特徴は、アミノ酸のなかには互いに引き合うものと反発し合うものが存在するということだ。その引力と反発力（斥力）によって、アミノ酸の紐はひとりでに曲がりくねり、固有の形状に折り畳まれる。そして、タンパク質がそれぞれに特有の機能を果たせるのは、この固有の形状のおかげだ。

タンパク質が果たす機能は実に多岐にわたるが、あるタンパク質ファミリーは、物質が細胞膜を横断するためのトンネルとして機能する。このトンネルを「チャネル」と呼ぶ。チャネルはきわめて選択的であり、そこを通過して細胞に出入りできる分子は1種類のみ、もしくはほんの数種類に限られる。チャネルによっては一方通行のものもある。特定の分子のための入り口専用、もしくは出口専用になっている。それ以外のチャネルは出入口になっていて、特定の分子を両方向で通過させる。ナトリウム専用のチャネルもあれば、塩素専用のチャネルもあるし、アグレがアクアポリンの発見で実証したように、水専用のチャネルもある。

謎のタンパク質が水チャネルとして機能することを明らかにしたアグレは、すぐにアクアポリンの新しい世界の探索に乗り出した。アクアポリンタンパク質の全アミノ酸配列を決定し、さらに、タンパク質の紐がらせん状やループ状に巻き上がって砂時計のように中央部が細くくびれた形に折り畳まれることを明らかにした。砂時計の形に折り畳まれた状態の全長はちょうど細胞膜の厚みほどで、その中心に開通している孔が、細胞の内と外の間で両方向に水を運ぶための高度に選択的なチャネルとなっている。

アミノ酸の紐が正確に折り畳まれると、特定のアミノ酸が特定の位置に配置される。アミノ酸は種類ごとに異なる性質をもつ。正電荷をもつアミノ酸もあれば、負電荷をもつアミノ酸もある。水と反発し合うアミノ酸もあれば、引き合うアミノ酸もある。生体膜を形成する脂質のような脂肪性の物質と反発し合うアミノ酸もあれば、引き合うアミノ酸もある。アグレと同僚たちは、アクアポリンタンパク質を構成するアミノ酸の紐が折り畳まれると、脂質と引き合うアミノ酸は砂時計の外側表面にくるように（脂質性の細胞膜と相互作用するように）配置され、水と引き合うアミノ酸は砂時計の内側表面にくるように配置されることを明らかにした。

だが、アクアポリンはいったいどうやって、水以外の物質を通過させることなく、水だけを細胞に出入りさせているのか？　アグレはチャネルの通路の内側にあるアミノ酸の配置をマッピングした。すると、チャネルの通路の壁には負電荷と正電荷が交互に配置されていて、そのおかげで水分子が――水分子のみが――運ばれることがわかった。

アクアポリンの水に対する特異性の秘密は、水の原子レベルの構造にある。水分子は非対称な構造をしていて、電荷の分布も非対称になっている。1個の水分子（H_2O）は水素原子2個と酸素原子1個で構成されていて、酸素側が負電荷をもち、2個の水素原子側が正電荷をもつ。高校の化学では、水が凍るときに氷の結晶が形成されるのは、水分子が非対称で、負電荷と正電荷の間に引力が働くからだと教わる。アクアポリンの場合も、水分子の電荷の非対称性が重要な役割を果たす。アクアポリンの通路の内側に交互に現れる負電荷－正電荷－負電荷の壁が、水分子を1個ずつエスコートし、1秒間に30億個という驚くべき高速でチャネルを通過させる。

アグレが最初のアクアポリンを発見してから間もなく、アグレ自身や他の研究者によってアクアポリンファミリーの新たなメンバーが続々と発見され、現在では相当な数にのぼっている。単純な

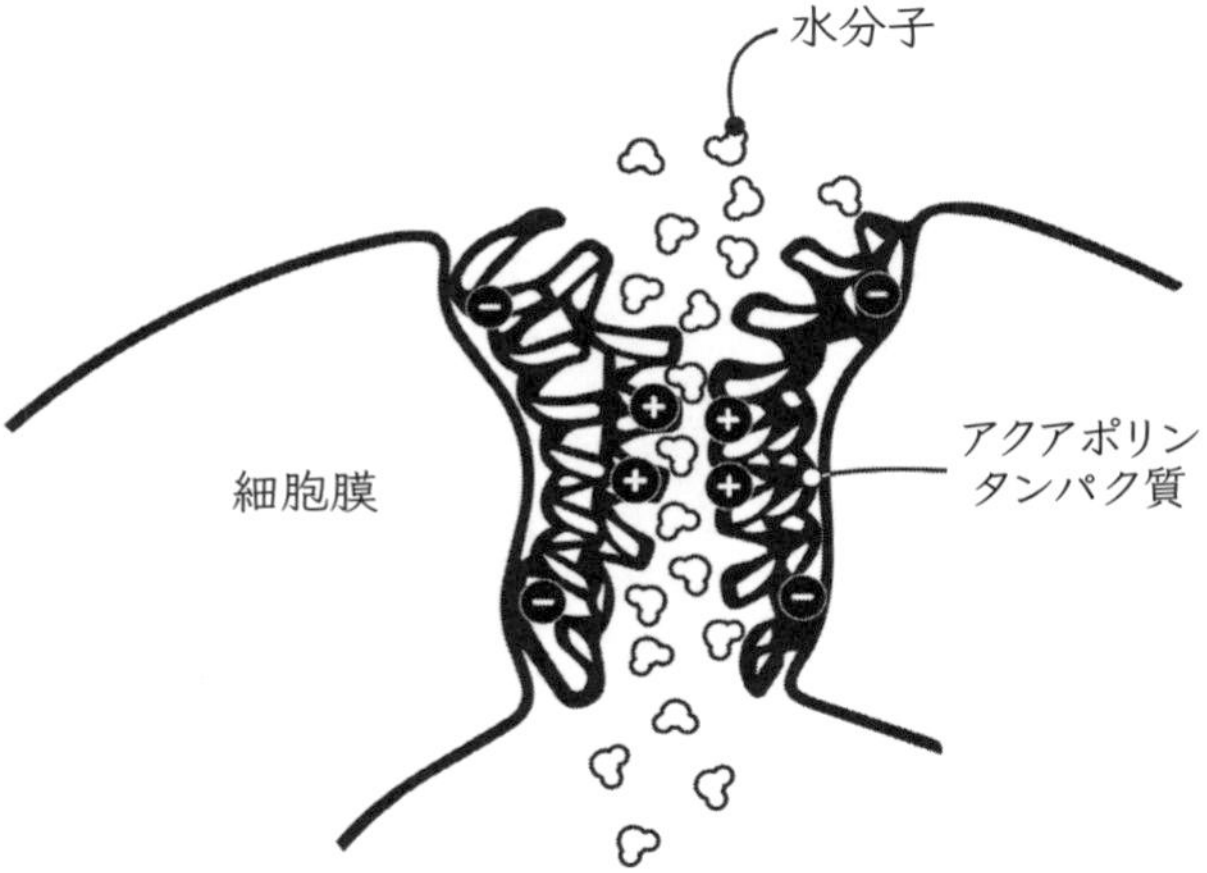

アクアポリンタンパク質は細胞膜内に砂時計のような形のチャネルを形成する。このチャネルは、脂質性の細胞膜の層を横切って水を通過させる。横断面を見ると、水チャネルの中心を貫く孔に面したアミノ酸は水と引き合うが、アクアポリンタンパク質の側面で細胞膜に面しているアミノ酸は脂質（細胞膜）と引き合う。水分子は負電荷と正電荷の分布に誘導されてアクアポリンのチャネル内を通過する。

細菌から複雑な植物や動物に至るまで、ほぼすべての生物にアクアポリンファミリーは存在する。アグレが発見した最初のアクアポリンと同じく水だけを通すものもあれば、グリセロールや尿素など、水以外の分子も通過させるものもある。

アグレは自分の発見を過小評価しがちだった。「別に才能なんて関係ありませんよ。ただ、〈まったくの偶然による幸運〉という伝統的な手法で謎を解決できたことを、とても嬉しく思っています」と彼は私に語った。あまりにも謙虚だ。たしかに運もあったかもしれないが、強い意思と探求心、そして、類まれなる才能がなければできないことだ。

アグレの発見を受けて、ありとあらゆる学問領域の研究者たちがアクアポリンに注目し、植物の根を通って水が輸送される過程や腎臓で水が濾過される仕組みなど、アクアポリンが果たす役割についても研究が始められた。こうした研究は目覚ましい進展を遂げたが、2000年、アクアポリンの物語は大きな転機を迎えることになる。当時、イリノイ大学で生物物理学の博士課程の学生をしていたモーテン・オステルガールト・イェンセンが、アクアポリンの原子構造に関するアグレの論文を読んだのだ。読んですぐに、イェンセンの脳内に一筋の光が差した——生体内の細胞のためではなく、人類のために、アクアポリンを利用して水を精製できないだろうか？　アクアポリンを利用したフィルターで水を精製できれば、現代社会で急速に高まりつつある真水の需要を満たせるのではないか？

浄水システムの実用化へ

このアイデアを実現できる可能性があるのかどうかを調べるために、2005年、オステルガールト・イェンセンは、友人のピーター・ホルム・イェンセンとチームを組んだ。ホルム・イェンセンはいくつもの事業を起ち上げた起業家だったが、構造生物学分野の科学的知識も持ち合わせていた。二人は、アクアポリンの働く仕組みについて深く理解するほどに、アクアポリンを利用した水フィルターは実現可能だと自信を深めていった。アクアポリンタンパク質を膜シートに組み込んで、水を——水だけを——通過させるフィルターを作るのだ。この「生物学に基づくフィルター」

のアイデアは、考えれば考えるほど、実現できる可能性は高いように感じられた。水分子のみを通過させるというアクアポリンの特異性のおかげで、これまでに製造されてきたフィルターよりも効率を高められる。のちに、ホルム・イェンセンは私にこう語った。「より良いものを新たに発明しなくても、自然の叡智を活用すればいいじゃないですか」

２００５年、二人はデンマークを拠点に浄水会社「アクアポリンＡ／Ｓ」を設立し、アクアポリンの選択性を利用したまったく新しい種類の浄水テクノロジーの開発を目指した。このままいけば、地球の住民は２０５０年には95億人を超え、水の需要も膨れ上がることだろう。そんなひっ迫した需要を満たすために、新たなテクノロジーが必要になるだろうことは、二人ともわかっていた。だからこそ、新しい浄水手法を開発するために自分たちに何ができるか、試してみることに決めたのだ。私はホルム・イェンセンに、世界を救うような驚くべき応用法を思いつくために、科学的発見からどのように発想を飛ばしたのかと尋ねた。すると彼は「発想を飛ばすまでもなく、わかったんですよ」と答えた。おそらく、彼にとっては一目瞭然だったのだろう——だが、未来を見据えた自分のアイデアを実現に向かわせるために、彼は人々を説得してまわり、人材の採用に勤しんだ。

２００６年、ホルム・イェンセンが同僚のクラウス・ヘリックス・ニールセンをアクアポリンＡ／Ｓ社の最高技術責任者（ＣＴＯ）に迎えたことで、事態は大きく進展した。当時——そして現在も——ヘリックス・ニールセンは、デンマーク工科大学環境工学科とスロベニアのマリボル大学化学工学科で教授職に就いていた。彼の存在は、触媒のように働いた。彼らは力を合わせて、「冒険の旅」に漕ぎ出した。1つの細胞の需要を満たすために水を浄化していたアクアポリンの浄化膜を、1つの都市の需要を満たすレベルにまで規模拡大できるのかどうか――その答えを見つけ出すための冒険だ。

アクアポリンA/S社が行っている開発研究についてもっと知るために、私はデンマークにいるヘリックス・ニールセンを訪ねた。彼は幅広い分野に興味関心を向ける人物で、アクアポリンについて話し合うあいだも、動物における光学の物理的限界と機械における光学の物理的限界の問題や、モーツァルトとハイドンのあいだで交わされた手紙の話など、ありとあらゆる分野に話が飛んだ。どの話も魅力的で、深く考えさせられるものだった。子ども時代の彼は考古学者か建築家になりたいと思っていたそうだが、その後、ヒトの脳が情報をどのように処理し、どのように蓄積するのかを知りたくなって夢中になり、生物物理学の研究に移った。最初のうちは、ヒトの視覚システムについて研究するつもりだった。ところが、人々が実際に知覚している視野を脳の神経細胞と複雑な神経回路がどのように作り出しているのかを解明しようとするうちに、もっと一般的な問題に興味を引かれるようになった。1つのシステムを構成する個々の要素の個別の活動をどのように組み合わせれば、システム全体としての複雑な活動を構築して実行できるのかという問題である。だが、この一般的問題について考える題材としては、ヒトの視覚はあまりに複雑すぎた。そこで彼は、もっと単純明快なものに注目することにした。物質が特異的なタンパク質チャネルを通って細胞膜を横断する仕組みと、タンパク質チャネルが細胞膜と相互作用する仕組みに焦点を合わせたのだ。そして2005年、彼はアクアポリンに惹かれ、アクアポリンがいとも簡単に他の混入物から水だけを分離する様に魅了された。

当然ながら、アクアポリンを用いた浄水システムを実用化するには、少なくとも従来のシステムと同等レベルの「低コスト・高効率」を実現できる目算がなければならない。そのような装置を設計し、開発し、世界規模の浄水ニーズに応える、などということが本当にできるのか？　アクアポリンA／Sの本社ビルに到着した私は、すぐにヘリックス・ニールセンに出迎えられ、展示エリアへ案内された。そこには大小さまざまなシリンダー型（円筒形）のプラスチック製品が展示されていた。いずれも同社の製品だ。私は好奇心をかきたてられた。「Aquaporin Inside（アクアポリン・インサイド）」のロゴが入ったこのシリンダーこそが、水濾過装置だった。長さ数インチ（数センチメートル）のものから3フィート（約1メートル）のものまである。まだ開発中のものがほとんどだったが、ヘリックス・ニールセンはそのなかの1つを手に取ると、誇らしげに私に渡した。直径10センチほど、長さ30センチほどのその製品は、すでに中国の一般家庭で試験中だった。

難題を乗り越えて

ヘリックス・ニールセンとホルム・イェンセンと、アクアポリンA／Sの同僚たちは、水濾過を細胞レベルから都市レベルへ規模拡大する方法について検討するなかで、いくつもの手強い難題に直面した。赤血球細胞は、その細胞に必要な量の水を濾過するのに十分な数のアクアポリンしか作らない。細胞1個の大きさを考えれば、大した数にはならない。赤血球細胞の直径は10マイクロメートル未満だ。つまり、150個の赤血球細胞を一列に並べても、端から端までの長さは10セント硬貨の厚みほどにしかならない。ヘリックス・ニールセンと同僚たちは、どんな種類にせよ市販用のフィルターを作るのであれば、たとえ家庭用のフィルターから始めるにしても、細胞で作られるよりもずっと大量のアクアポリンを生産できる方法を見つけ出す必要があることを認識していた。しかも、細胞には消耗されたアクアポリンを取り替える機構が備わっているが、市販用フィルターの場合は取り替えられないので、彼らが大量生産するアクアポリンは安定性が高くなければならない。さらに、彼らが構築しようとしているフィルターは、細胞膜を通過する水量とは比較にならないほど大量の水を処理できるものでなければならないため、彼らが生産するアクアポリンは、細胞膜に組み込まれる場合よりも遥かに強固に膜内に固定される必要がある。

この1つ目の問題——つまり、市販に耐えうる安定性を備えたタンパク質の大量生産——に対処するために、ヘリックス・ニールセンはアイデアを求めてバイオ医薬品業界を頼った。だが、20世紀の成果のなかに答えは見つけられなかった。アスピリン、アセトアミノフェン（商品名タイレノール）、アトルバスタチン（商品名リピトール）、オメプラゾール（商品名プリロセック）など、20世紀の超大型新薬は化学の力で生み出された。きわめて高い特異性で細胞プロセスに介入したり補完したりできる多種多様な化学薬品を特定するため、そして化学的に合成するために、独創的な手法が考案された。しかし、ごく最近の新薬の多くは合成によって製造された化学薬品ではなく、たとえば増殖中の細胞から採取されたタンパク質など、生物学的に生み出された産物だ。新しい種類の薬の生みの親たちは、生物学の知見を活用することによって生物学的機構を操作し、タンパク質をベースとした薬物を生きている細胞に作らせている。アダリムマブ(商品名ヒュミラ)、エタネルセプト(商品名エンブレル)などの自己免疫疾患薬や、トラスツズマブ(商品名ハーセプチン)、リツキシマブ(商品名リツキサン)、ベバシズマブ(商品名アバスチン)をはじめとするたくさんの新しい抗がん治療薬がそのように開発されている。

このような薬を消費者市場向けに量産するために、バイオ医薬品業界は微生物を巨大タンクで培養する方法と、そこから特定のタンパク質薬物を精製する方法を見つけ出した。ジェネンテック社、ジェンザイム社、アムジェン社、バイオジェン社のような企業は、こうした新しいクラスの薬物の生産量を産業規模にまで確実に増やすために、新手法を開発してきた。ヘリックス・ニールセンは、アクアポリンの大量生産にも同じテクノロジーを用いるのが理にかなっていると考えた。2006年、彼と同僚たちは、分子生物学の専門家とチームを組み、「細胞工場」を見つけ出すために多種多様な微生物を試した。そうやって彼らが「工場」として選んだのが、大腸菌だった。理由は2つある。1つ目の理由は、培養が容易であり、かつ、バイオ医薬品業界ではインシュリンや成長ホルモンなど、タンパク質ベースの薬物を作るためのバイオ工場として大腸菌を産業的に展開する方法がすでに確立されていたからだ。2つ目の理由は、大腸菌は自然界でもとからアクアポリンを産生しているので、細胞を死なせることなくアクアポリンを大量に作らせることができるだろうからだ。つまり、総合的に見て、大腸菌にはアクアポリンの商業的展開を支える強靭な生産者になれる潜在能力が備わっているように思えたのだ。

ところが、ヘリックス・ニールセンのチームはさらなる難題に直面する。これまでに開発されてきた他のバイオ医薬品とアクアポリンには決定的な違いがあった。これまでのバイオ医薬品の場合、細胞によって産生されたタンパク質薬物は細胞培養液中に分泌される。分泌されたタンパク質は、培養液ごと回収して精製すればよかった。しかし、アクアポリンの場合は、アグレが明らかにしたとおり、細胞膜に組み込まれている。細胞によって産生されたアクアポリンは培養液中には分泌されず、細胞膜に挿入されるのだ。細胞からアクアポリンを回収するには、まず細胞膜を精製しなければならず、次に、そこからアクアポリンを抽出するために細胞膜を粉砕する技術を開発しなくてはならなかった。いずれもタンパク質にとって過酷な処理であり、そんなことをすればたいていのタンパク質は壊れてしまう。

すでに説明したとおり、タンパク質の機能は、アミノ酸の紐がどのように折り畳まれるか、そして、3次元の特異的な形状がどれくらい維持されているかで決まる。タンパク質の折り畳まれ方は、アミノ酸同士の引き合う力と反発し合う力に依存する。数ある要因のなかのどれか1つのせいで、そうした引力や反発力が邪魔されてしまえば、タンパク質は正しく折り畳まれず、本来の3次元構造とは違う構造になり、そのタンパク質の機能を妨げることにもなりかねない。また、タンパク質の機能は、タンパク質の紐が壊れた場合にも機能しなくなり、そうなれば、果たすべき役割を遂げられなくなる。生きている細胞では、そうした事態に陥っても大惨事にはめったにならない。細胞には、そのような欠陥タンパク質を修復したり取り替えたりする機構が備わっているからだ。しかし、タンパク質を商業用の水フィルターに組み入れて使用するとなると、修復も取り替えもできないため、長期的に正しい構造を維持する必要がある。幸いなことに、アクアポリンは概して安定性の高いタンパク質だ。

アクアポリンの安定性が高いのは、もしかしたら、必要に迫られてのことかもしれない。体内の他の細胞とは異なり、赤血球細胞には細胞の構成要素を修復したり取り替えたりする機構が備わっていないからだ。結果的に、体中の血管系を巡る長旅を耐え抜くためにはかなりの安定性が必要になる。しかも、赤血球細胞の寿命は比較的長い。皮膚細胞の寿命は1ヵ月未満、消化器系の内壁を覆う細胞の寿命は1週間未満であるのに対し、赤血球細胞の寿命は約4ヵ月に及ぶため、アクアポリンもそれだけ長く安定性を維持できなければならない。これは、アクアポリンA／S社の開発チームとって朗報だった。アクアポリンが赤血球細胞で役目を果たすためには高い安定性が必要であり、その安定性のおかげで、細胞膜から抽出し精製するために必要となる高温処理や化学処理にも耐えられる、というわけだ。過酷な精製処理を受けたあとも、アクアポリンは水フィルターとしての機能を失わない。アクアポリン水フィルターの開発物語を解説しながら、ヘリックス・ニールセンはこの点について、「私たちは本当に恵まれていました」と語った。

宇宙飛行士による試験

ここまでは順調だった。アクアポリンA／S社は、バイオ医薬品業界で培われた技術を改変しながら、アクアポリンの大量生産法をデザインし、設計し終えた。ところがここで、次の難題が立ちはだかる。単離されたアクアポリンタンパク質をどうやって膜に組み入れるかという問題だ。

この問題の解決法は、どちらかと言えば正攻法だった。アクアポリンの構造は、脂質に囲まれた環境を探し求めて潜り込む性質をもっている。つまり、水に似た分子よりも油やバターに似た分子で構成された環境を好むということだ。細胞膜は、水環境である細胞内と細胞外を隔てる脂質環境だ。細胞膜の内側と外側では、水溶液中に含まれる内容物——塩化ナトリウム（食塩）のような無機分子や水溶性タンパク質のような有機分子——の内訳が異なる。細胞内と細胞外のいずれも、水溶液中の分子の構成を適正に保って環境を維持する必要がある。それを可能にしているのが、細胞膜だ。そして、アクアポリンやその他のチャネルタンパク質が、必要に応じて水（アクアポリンの場合）やナトリウムなどの分子（他のチャネルタンパク質の場合）を内から外へ、外から内へと輸送している。

思い出してほしい。砂時計の形をしたアクアポリンの外壁部分は、他の部分と同じくアミノ酸で構成されている。アミノ酸には、水に溶ける性質のもの（親水性）と油に溶けて水を避ける性質のもの（疎水性）がある。そして、アクアポリンの外側表面は脂質環境を好む疎水性のアミノ酸で構成されている。ということは、すでに精製アクアポリンを手にしていたヘリックス・ニールセンたちは、あとは、特殊なポリマーで構成される脂質様膜球体（脂質のような性質をもつ膜で形成された球体）を準備し、その膜球体とアクアポリンを混合するだけでよかった。そうすれば、アクアポリンは勝手に膜球体に潜り込む。

次のステップでは、このアクアポリンが挿入されたポリマーの微小球体からフィルターを構築する。考え方としては、1つ1つの球体を開き、開いた球体同士を接続して平面シート状に仕上げていくことになる。しかし、膜はすぐに球体に戻りたがる。球体を開いて広げて平らな状態のまま維持するのは、困難でもあるしコストもかかる。2009年、ヘリックス・ニールセンの開発チームは、シンガポール膜技術センターの科学者らと共同研究を開始し、膜球体を平面化する工程を完全になくして膜球体のままフィルターを作ることができないものか、見定めようとした。膜球体で構成されたフィルターを実際に作れるのかどうか定かではなかったが、彼はそれを「小胞《ベシクル》シート」と呼んだ。彼らがイメージしたのは、アクアポリンの孔をもつ平面状の膜を作るのではなく、アクアポリンをもつ膜球体を球体のままで薄い層に埋め込むことだった。

このアイデアでは問題が生じる可能性があった。膜球体を開かずに小胞のままでシートを構成するとなると、水分子はこのシートを通過するためにアクアポリンチャネルを2回通らなければならなくなる。一方の側からアクアポリンチャネルを通って小胞内に入り、他方の側のアクアポリンチャネルを通って小胞の外に出ることになるわけだ。

アクアポリンA／S社が次に答えを出すべき大きな問題は、1回ではなく2回通過しなければならないせいで、水濾過処理の効率は落ちるのかどうか、という問題だった。結局、その答えはノーだった。2012年、ヘリックス・ニールセンとシンガポール膜技術センターの共同研究者らは、平面シートよりも安くて丈夫な小胞シートをどうにか開発し、実際に水が小胞を通過することを実証し（つまり、水分子はアクアポリンチャネルを2回通過したことになる）、しかも、水の通過速度はほとんど低下していないことを示した。平面シートに比べて、小胞シートの製造は格段に容易だ。その利便性を考えれば、チャネルを2回通過しなければならないせいで生じる効率のわずかな低下は取るに足らないレベルだった。

細胞膜は、2つの異なる水領域（細胞の内側と外側）を効果的に分離できてさえいれば、その役目を果たしていると言える。だが実は、細胞膜の構造は完全性とはほど遠い。細胞膜は、細胞の輪郭を形作る薄い脂肪の層にすぎない。水濾過膜として機能するためには、ある程度の力に耐える必要があるが、細胞膜はそうした類の力に耐えられない。平らな細胞膜1枚の厚さは10ナノメートルにも満たないし、ヘリックス・ニールセンらによって美しくデザインされ改変された小胞シートの厚みも約200ナノメートルで、水たまりの表面を覆う油膜よりも薄い。そのため、アクアポリン小胞シートを実用化するには、遥かに丈夫なシートで補強する必要があった。

この問題を解決するために、アクアポリンA／S社の開発チームは、多孔質物質の層の上にアクアポリン小胞シートの層を形成する手法を考案した。ヘリックス・ニールセンはその構造を、干しブドウを散りばめた砂糖衣の薄い層に覆われたスポンジケーキになぞらえた。土台となるスポンジ

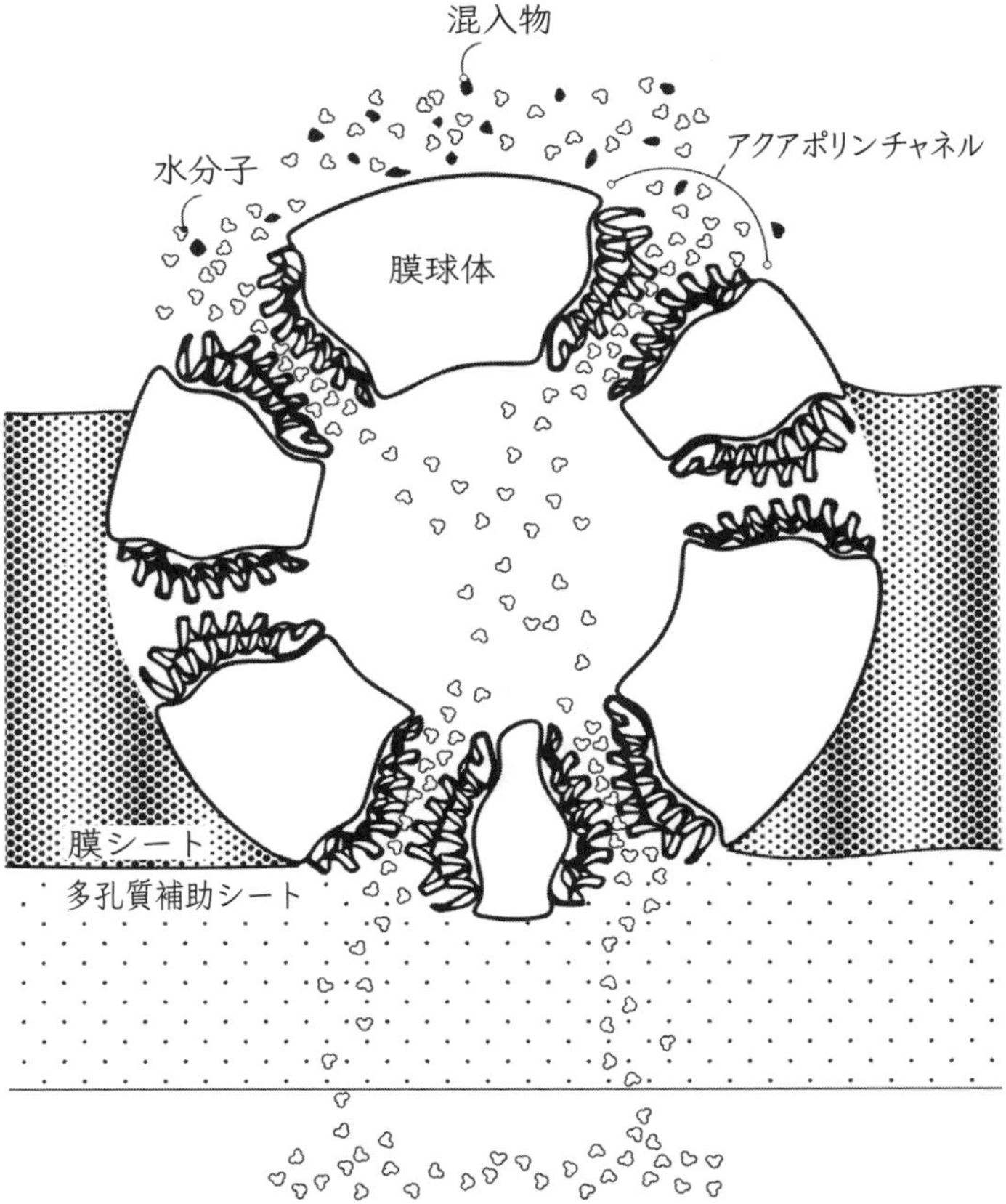

アクアポリンが組み込まれた小胞の断面図。アクアポリンフィルターの片側から反対側へと通過する水分子も描かれている。混入物を含む水溶液中（図の上部）の水が、アクアポリンチャネルを通って小胞内に流れ込み、その後、２つ目のアクアポリンチャネルを通って小胞外に流れ出る。小胞は膜シートに埋め込まれていて、膜シートは多孔質の補助フィルターシートで増強されている。小胞のアクアポリンチャネルを通過した水（水だけ）は、補助シートも通過し、純水として回収される（図の下部）。

の層が補助となる多孔質物質に相当し、砂糖衣が小胞シート、干しブドウがアクアポリンの埋め込まれた球体に相当する。見事に作り込まれた構造だ。すでにアクアポリンA／S社は、この構造を産業規模で構築する方法を見つけ出している。

アクアポリンを用いて浄水するという夢はすでに、高い注目を浴びた試験で実証されている。2015年、デンマーク人宇宙飛行士らはアクアポリンA／S社の膜製品を使用し、宇宙での自分たちの飲み水を濾過した。宇宙でミッションを成功させるには、水の再利用がきわめて重要な鍵となる。現在、アクアポリンA／S社は、「アクアポテン」と呼ばれる中国の合弁企業とパートナーシップを結び、水栓型の水濾過システムを間もなく市場に出す予定で準備を進めている。私が訪問した際に、ホルム・イェンセンとヘリックス・ニールセンは試作品を私に見せながら、それがどのように機能するのかを説明してくれた。長さ約1フィート（約30センチメートル）、直径数インチ（数センチメートル）の3本もしくは4本のフィルターシリンダーのセットが流し台の下の小さなプラスチック製キャビネットに収まることになる。流し台の蛇口に向かって流れる水は、標準的な水栓型濾過装置を通る場合の2倍の速度でアクアポリン膜を通過する。供給される水の質にもよるが、アクアポリンA／S社のフィルターは約半年ごとに交換が必要になる。

21世紀の水利用を変える

水栓型水フィルターのほかにも、ヘリックス・ニールセンは水利用を最適化する方法についてさまざまに検討を重ねてきた。そして彼は、ほとんどの人が使い道に関係なく常に同じ質の水を利用している点に着目している。たとえば米国の場合、人々は水を飲むときも、洗濯するときも皿を洗うときも、庭に水を撒くときも、トイレを流すときも、同じ水源を利用する。発展途上国の大半の地域でも同じく、飲食にも、炊事や洗濯にも、農業用にも同じ汚れた水源を使っている。ホルム・イェンセンとヘリックス・ニールセンとアクアポリンA/S社は、「用途に応じた」水利用を飛躍的に広めることで、このような状況を変えたいと考えている。このアイデアはすでに広まり始めている。たとえば、MITのビルでは給水システムを2系統化してこの方式を採用している。飲料用および炊事用に超清浄水を供給するシステムとは別に、トイレ用と水やり用に再利用水を供給するシステムを導入したのだ。

家庭用の水フィルターが成功したら、アクアポリンA/S社は21世紀の水利用のあり方を変革する新たなテクノロジーを追求する計画だ。ヘリックス・ニールセンは、アクアポリンを用いた進歩的な浸透システムで世界中の農業の水利用量と廃水量を減らせればと考えている。現状では地球上の真水の約70パーセントが農業に使用されていることから、彼の目指すシステムが実現すれば、革新的な結果を生むことになる。彼はそのシステムに使用される巨大フィルターシリンダーの試作品を私に見せ、システムの仕組みを説明してくれた。アクアポリンフィルターの片側には高濃度の肥料を流し、反対側には地表を流れる雨水を集めて流す。肥料水の濃度は雨水よりも高いので、浸透圧によって雨水側の水がアクアポリンフィルターを通って肥料水側に移動する。結果的に、汚れた雨水から精製された真水で肥料水が希釈されることになる。このプロセスには2つの利点がある。1つ目は、地表を流れる雨水の量を減らせることで、2つ目は、肥料の希釈に必要な真水の量を減らせることだ。つまり、水利用にとってＷｉｎ－Ｗｉｎのシステムだと言える。彼の説明によれば、洗濯施設にも同様のシステムを利用できる。衣類の洗浄に使用した後の汚れた水をアクアポリンフィルターの片側に流し、反対側に高濃度の洗剤液を流す。汚れた水と洗剤液の濃度の不均衡が浸透圧を生み、汚れた水の側からアクアポリンチャネルを通過して精製された水が洗剤液側に移動し、洗剤液を希釈することになる。洗浄後の廃水量が減り、希釈された洗剤液はその後の洗濯に使用されるので、水の再利用が促進される。

ピーター・アグレのような科学者による素晴らしい生物学的発見と、ピーター・ホルム・イェンセンやクラウス・ヘリックス・ニールセンのような人々による技術革新によって、浄水方法や給水システムのデザイン方法は今まさに変革を遂げようとしている。私たちは革命の瞬間を生きているのだ。これをヘリックス・ニールセンは、自動車の大量生産が始まった瞬間になぞらえた。フォード・モーター社が1世紀前に成し遂げたのと同じように、アクアポリンＡ／Ｓ社は比較的新しいテクノロジーの規模を拡大し、市場に豊富に提供して数百万人――いや数十億人に届けようとしているのだと言う。「わが社はヘンリー・フォードの会社と同じなんです。車を発明したのはフォードではありませんが、彼は車を広めるために自動車工場を建設し、新しいテクノロジーの真価を実証して大衆に届けました」

4 医療革命▼

がんを早期発見・治療できるナノ粒子

より精確・迅速・安全・安価な方法へ

1971年、米国は1億ドルの出費を伴う8年間のプロジェクトを打ち立て、「がんとの闘い」を開始した。それから45年以上が過ぎ、1000億ドル以上が費やされた現在、一部のがんについては診断と治療に成功したと主張できるものの、闘いに勝利したとはとても言えない状況だ。いまだに毎年、米国で60万人近く、世界中で800万人以上の人々ががんで亡くなっている。

「がんとの闘い」では、新たに得られた生物学的プロセスに関するいくつもの輝かしい洞察に基づき、野心的な目標が掲げられた。1971年には、分子生物学革命の恩恵で科学者たちは疾患を解明するための新たな方法を手にしていた。すでに見てきたとおり、生物学の部品リスト――つまり、ウイルス、細菌、複雑な生物の細胞のDNA、RNA、タンパク質――は科学革命によってすでに明らかにされていた。生物の構成要素とメカニズムも、まったく新しいレベルの解像度で明らかにされつつあった。こうした新たな洞察によって、ワクチン、薬剤、診断検査などの医療介入に新たな手法を取り入れる準備が整えられていた。となれば、次なるステップは明らかだ。人類史上最悪の医療問題の1つ――がん――に打ち勝つために、こうした分子生物学の新たな知見を活用しない手はないだろう。

後から思えば、たった8年、たった1億ドルのプロジェクトで、がんとの闘いの潮流を変えられるなどと考えるのは過信もいいところだ。しかし、そんな誤った自信がもてたのは、がんという疾患の複雑さについて部分的にしか把握できていなかったからだろう。1970年には、正常な細胞をがん細胞に変えることのできる遺伝子が、ラウス肉腫ウイルス（RSV）という鶏ウイルスで同定されるなど、画期的な発見がなされ、がん発症メカニズムの解明の道が開かれた。RSVが鶏に感染すると、「がん遺伝子」と呼ばれるウイルス遺伝子のコピーが鶏の細胞に組み込まれる。このウイルス由来のがん遺伝子が細胞の正常な営みを乱し、正常細胞をがん細胞に変えてしまうのだ。その後の相次ぐ実験によって、ウイルス由来のがん遺伝子など、外因性の発生源から生じるがんのほかに、内因性の発生源から生じるがんもあることがわかった。その大半は親から子に継承される遺伝子が原因であり、遺伝子変異によって活性化される。そのような遺伝子は「がん原遺伝子」と呼ばれ、通常は活動していないが、何らかの要因で変異が生じると活性化する。そのような変異を生じさせる要因としては、放射線被曝や喫煙のようにDNAを破壊する事象や、外来DNAを細胞

DNAに組み込ませるウイルス感染、あるいは単純に、細胞分裂の際に生じるDNAの複製エラーなどが考えられる。

正常に発生中の細胞は、慎重に編成された順序で分裂し成熟する。正常細胞は、その数も機能も所在も素晴らしい精巧さで正確に制御されている。ある一定のプログラムに従って、成熟状態へ――たとえば皮膚細胞、肝臓細胞、肺細胞へ――と発達していく。DNAに変異が生じた細胞は検出され、破壊される。そうやって、自らの分裂速度や成熟経路を制御しているのだ。

がん細胞にみられる恐ろしくも顕著な特徴の1つが、制御不能な細胞分裂だ。正常細胞であれば、肺細胞にせよ脳細胞にせよ、十分な数に達したところで分裂は止まるが、がん細胞は際限なく分裂して増え続ける。また、がん細胞は正常な成熟経路をたどらない。所在についても、やがては本来の場所に収まりきらなくなり、分裂によって増えた子孫細胞を別の場所へ送り込む。そうやって、がんが新たな部位に転移すると、治療は著しく困難になる。だが、ほかの何よりも致命的と言えるのは、がん細胞はDNA変異を起こしても細胞死を起こすための自己編集を行わず、自滅しないことかもしれない。それどころか、がん細胞は変異をむしろ加速させ、人体の防御を回避できる新たな細胞変異体を生み出す。

がん遺伝子が発見されたことで、がん治療の可能性は開かれた。まず、がん遺伝子を特定する技術を開発し、次に、そのがん遺伝子のスイッチを切ることのできる薬物をデザインする。これが奇跡に近いほど強力な戦略であることはすでに実証されているが、この手法が通用するのは一部のがんだけだ。たとえば、2001年に食品医薬品局（FDA）に承認されたイマチニブ（商品名グリベック）という薬物は、血液細胞のがんである慢性骨髄性白血病（CML）のがん遺伝子から産生されるタンパク質を標的にしている。CMLでは、遺伝子変異によってタンパク質が変化し、そのせいで細胞分裂に異常をきたすようになる。イマチニブはそのような異常タンパク質の活動を阻止する薬として、多くの患者に持続的な寛解をもたらしている。イマチニブによって、CMLの診断を受けた患者の5年生存率は、たったの約30パーセントから80パーセントを上回るまでになった。

だが、他の多くのがんは治療できず、死に至る病のままだ。がん細胞のDNAは絶えず変異し続け、新たながん遺伝子を生じさせ、思いも寄らぬ戦術をいくつも駆使して、がんを進行させて治療を回避するための細胞機構を編み出していく。がん細胞には、細胞内で生じた変異を修正したり変異を抱えた細胞を自滅させたりする「自己制御」の仕組みが欠けている。そのため、細胞分裂のたびに変異が蓄積し、親細胞とはさまざまに異なる変異細胞が生まれ、親細胞は生き延びられないような条件下に置かれても、一部の変異細胞は生き残れることがある。たとえば、ある特定のがんタンパク質を標的とする抗がん薬を用いた場合、初代がん細胞やその細胞とまったく同じ遺伝情報をもつ子孫細胞はすべて死滅させることができても、薬剤耐性を獲得した変異細胞が生き残って増殖し、新たに薬剤耐性がん細胞の集団が形成される、などということがしばしば起こる。

がんとの闘いにおける最も効果的な戦略は、もちろん予防である。1971年以来、がん予防の最前線は大きな前進を遂げてきた。その大部分は、発がん性物質を特定し、アスベスト、放射線、多種多様な化学物質など、発がん性物質への曝露を減らしてきたおかげだ。だが、私たちはそのような学びを得たにもかかわらず、あいかわらず危険な発がん物質に自分たちの身を曝している。タバコを吸ったり、無防備なまま直射日光を浴びたり、ウイルス感染症の予防接種を拒絶したりしている。ある推計によれば、現在、すべてのがんの3分の1以上は予防可能だ。

ある意味、これは朗報だ。より効果的な禁煙キャンペーンを実施し、より有効な日焼け対策を考案し、新たな抗ウイルスワクチンを開発すれば、がんの発症率を大幅に減らせるだろう。だが、世界中の人がタバコを吸わなくなっても、世界中の海水浴客が日焼け止めを使うようになっても、すべての子どもが肝炎ウイルスやヒトパピローマウイルスの予防接種を受けるようになっても、毎年数百万人の命ががんによって脅かされることだろう。まだ原因が明らかにされていないがんも多く、予防だけではがんの脅威を消し去ることはできない。

がんとの闘いにおける2番目に効果的な戦略は、早期診断と有効な治療の組み合わせだ。ここでも、私たちは目覚ましい進歩を遂げてきた。ここ数十年の間に、以前よりも早い段階でがんを検出できる高性能の画像診断技術や血液検査が新たに開発された。たとえば、現在では、マンモグラフィ検査や結腸内視鏡検査を用いることで、1971年当時よりも格段に早い段階で乳がんや結腸がんを見つけられる。そのようながん検査に、検査後の外科手術、化学療法、放射線療法を組み合わせることで、がん患者の生存率は大幅に向上している。過去40年間に、乳がん患者の5年生存率は75パーセントから90パーセント超にまで上昇し、結腸がん患者の5年生存率も50パーセントから

65パーセント超に上昇した。

このようなテクノロジーの進展は、ひたむきに努めた研究者、臨床医、患者たちによる輝かしい勝利の象徴だ。だがそれでも、ほとんどのがんはまだ早期発見が難しい。がんは多種多様で、それぞれに振る舞いも異なるのに、現在の標準的な画像診断検査で検出できるのは、通常、直径数ミリメートルか、場合によっては数センチメートルにまで増殖したがん細胞の塊りだけであり、検出できたとしても、その細胞塊が悪性なのか良性なのかは画像では確認できない。悪性か良性かを決定するには侵襲性の生検とさらなる検査が必要だ。そのすべてに費用と時間がかかり、そうこうする間にもがん細胞は増殖し続ける。

血液を用いたがん検査にも同じ難題がつきまとう。血液検査は、血液中に残されたがん細胞の生物学的痕跡や「シグナル」を探し出すもので、たとえば前立腺がんや卵巣がんのシグナルの検出ではよい働きをする。だが、画像検査と同じく血液検査でも、検出できるのはがんの進行が比較的進んだ段階のシグナルのみであり、がん性のシグナルと非がん性のシグナルをつねに明確に識別できるわけではない。またしても、確定診断を下すには侵襲性の手技とさらなる検査が必要であり、お金と時間がかかる。がんとの闘いにおいては、時間がきわめて重要だ。早期発見が生と死の明暗を分けかねない。

現在、私たちが便利に使っている画像診断ツールや血液診断ツールの精度は、10年前や20年前とは比べものにならないほど高まってはいるが、どちらにも同様の限界がある。発生したばかりのがんは細胞塊があまりに小さく、どちらの診断ツールにも早期がんを検出できるほどの感度はない。また、細胞塊が検出できるほどの大きさになってからも、診断ツールにはそれが悪性か良性かを迅速に判定できるほどの鑑別能が備わっていないため、がんの診断を確定するには侵襲性の手技を要することが多い。しかも、これまた高額だ。総じてこうした要因が深刻な妨げとなり、がんとの闘いに最も効果的な方法を適用できないまま、毎年数百万人もの命が失われている。

がんとの闘いを次のステージに進めるためには、より精確で、より迅速で、より安全で、より安価な方法を用いてがんを早期発見する必要がある。最近、ある発見がなされたことで、そのような早期検出法が間もなく実現するかもしれない。その発見をした生物工学者であり研鑽を積んだ医師でもあるサンギータ・バティアは、ナノ粒子テクノロジーによって拓かれた魅惑的な医療の世界の先駆者となっている。バティアは、がんをごく早期に検出できる見込みのある尿検査を考案した。その検査では、現在の最新鋭の画像診断技術で検出できる最小の細胞塊のわずか20分の1の大きさの細胞塊も検出可能だ。バティアは、現在すでにどこの薬局でも購入できる市販の妊娠検査と同じくらい迅速で安価で信頼できる検査として、この尿を用いたがん検査が普及することを願っている。現実離れしたアイデアのように聞こえるかもしれないが、案外、そうでもない。

画像形成ナノ粒子を体内で運ぶ

バティアは大学院生時代から「希望の星」だった。1999年には、MITとハーバードでの博士課程と医学博士課程をまだ修了していないうちから、サンディエゴのカリフォルニア大学の教職に就いた。彼女にとって最初の教職就任だった。２００５年、彼女が医学と工学を魅力的な方法で融合しようとしていると聞きつけた私たちは、彼女をＭＩＴに呼び戻すことに成功した。その後も彼女は先駆的な研究を続けた。そして２００７年、ＭＩＴにコーク統合がん研究所が新設され、がん生物学者と共同研究できる工学技術者の選定が始まったとき、もちろん、彼女は候補にあがった。

バティアの研究についてもっと詳しく知るために、ある日の午後、私は彼女のオフィスに立ち寄った。彼女が発する穏やかで温和な雰囲気のおかげで、私はすぐに打ち解けた気分になった。だが少し話せば、寛大で気取りのない態度の裏で彼女の頭脳が超高速で回転していることに気づかされる。私は、まったく新しい独創的な方法で生物学と医学と工学を大胆に融合していく彼女の仕事の速さ、幅広さ、凄まじさに驚いた。

あれから10年以上経った今も、私はいまだに驚かされる。アンジー・ベルチャーや本書に登場する他の先駆者たちと同じく、バティアも事もなげに境界線を越えていく。大学院時代の研究では、ヒト人工臓器をデザインするためにコンピューターチップの製造ツールを用いた。カリフォルニア大学サンディエゴ校では、生物医学的な問題の解決を得意とするナノテクノロジストとして名を上げた。そして現在はＭＩＴで、目が回るほど多種多様な立場を掛け持ちして研究に勤しんでいる。彼女の興味関心は多くの専門分野に及び、それを反映する形で、彼女はＭＩＴの複数学部に教職として籍を置くほか、ブリガム・アンド・ウィメンズ病院にも在籍している。

バティアはこれまでのキャリアで一貫して微小なテクノロジーに注目してきた。今も、マーブルがんナノ医薬品センターのディレクターとして、ヒト疾患を理解し、診断し、治療するための新規プラットフォームをデザインしている。彼女は科学のみならず患者の人生にも変化をもたらすために全力を傾けており、彼女の研究室に所属する研修医たちと共にバイオテクノロジー企業も何社か設立している。彼女の言葉を借りれば、いずれの企業も「医薬と小型化の交差点を押さえて」いる。

バティアにとって小型化とは、非常に小さな規模——ナノ規模——の物質を扱うことを意味する。彼女が研究で使用している粒子のサイズは、5ナノメートルから500ナノメートルほどだ。それがどれほど小さいかといえば——英文の最後に打たれる直径1ミリメートルの「ピリオド」をイメージしてみてほしい。その幅を埋めるように10ナノメートルの粒子を並べるとしたら、10万個は必要になる。

ナノ粒子とは、単純に、きわめて微小な物質のことだ。その形状は何十通りもあり（球状、棒状、ピラミッド形、12面体など）、元素（シリコン、鉄、金など）でできていることもあれば、生体物質（タンパク質、DNA鎖など）でできていることもある。特定の目的に合わせて、特定のサイズ、特定の組成で作られることもある。たとえば酸化鉄は、磁気共鳴画像法（MRI）にとても役立つ物質だが、空気中の湿気とも反応するほど水との反応性が著しく高いせいで、生物学や医学への応用が難しい。しかし、酸化鉄ナノ粒子を糖類、ポリマー、脂質、金属の層でコーティングすれば、安定化して水と反応しなくなる。コーティングに用いる金属の種類の選択しだいで、ナノ粒子の機能を用途に合わせて変化させることもできる。

奇妙なことに、同じ物質でも、ナノ規模の場合とマクロ規模の場合では物性が異なる。たとえば金のナノ粒子の見た目は金色ではなく赤色をしている。金のナノ粒子は赤い光を反射するからだ。2000年前、古代ローマのガラス職人たちは期せずして金のナノ粒子を作り出し、金のナノ粒子特有の鮮やかな赤い色彩を生かした貴重な装飾ガラスの製造を可能にした。現在では、ナノ粒子の大きさを単純に変化させるだけで、その性質を変化させられることもわかっている。たとえば、セレン化カドミウムは自然に大きな黒い結晶を形成するが、さまざまな大きさのセレン化カドミウムナノ粒子を液体に懸濁させると、粒子の大きさごとに異なる色の蛍光を発する。というのも、粒子の大きさによって光との相互作用の仕方が異なるからだ。2ナノメートルの粒子は青色、4ナノメートルの粒子は黄色、7ナノメートルの粒子は赤色に光る。

このような特性について研究するなかで、科学者と技術者はナノ粒子の大きさ、組成、構造を驚くほどの精度で調節する方法を学んできた。そして、ナノ粒子が日常のあらゆる場面で意外なほど役立つ可能性があることに気づいた。現在、歯磨き粉には殺菌の目的で銀ナノ粒子が配合されている。酸化チタンナノ粒子と酸化亜鉛ナノ粒子は優れた日焼け防止作用があるため、日焼け止めクリームに配合されている。カーボンブラックと呼ばれる物質のナノ粒子はゴムの摩擦力と耐久性を高めるため、車のタイヤに配合されている。

また、ここ数十年のうちに、医学研究者たちもナノ粒子の活用を認識するようになった。なかでも、サンギータ・バティアや他の研究者たちがとくに関心を寄せている最新世代のナノ粒子は、ありとあらゆる方法で加工やコーティングが可能で、新世代の生物医学ツールに改変できる。やがてバティアが画期的ながん診断法を考案できたのも、こうしたナノ粒子のおかげであり、その素晴らしい物語は、集約型の研究によっていかに強力な新テクノロジーがもたらされうるかを如実に物語っている。

バティアのこの物語は、2000年に始まる。彼女は、ナノ粒子を活用すれば血流を通して体内の特定の組織まで画像形成材料（造影剤）を運べるのではないかと考え、同僚たちとともにその方法を探求し始めた。それが可能になれば、医師も研究者も、その組織で病態が進行しているかどうかを従来よりも鮮明な画像で確認できるようになる。また、彼女たちはこれと同時に、特定の組織の疾患に対処するためにナノ粒子を用いて薬剤を送達する方法も探求していた。たとえば、肝臓の疾患が疑われる場合に、特殊な画像形成ナノ粒子を肝臓に送り込み、疾患が進行しているかどうかを明らかにできる。そして、肝疾患の徴候が認められれば、別のナノ粒子を用いて薬剤を最も必要とする場所に直接送達できるわけだ。画像形成物質と薬剤のどちらを送達するにしても、理想的なナノ粒子は特定の標的のみに選択的に付着し、それ以外の種類の組織はすべて回避して進むようでなければならない。

このように分野を横断した複雑な研究には、幅広い専門知識が必要となる。バティアはかれこれ15年以上もの間、カリフォルニア大学サンディエゴ校時代からの同僚であるマイケル・セイラーとエルキ・ルースラーティと協力して研究を続けている。化学者であり材料科学の研究者でもあるセイラーは、半導体の主要材料の1つである多孔質シリコンやMRIの造影剤となる酸化鉄など、前例のない材料からナノ粒子を構築する方法を確立する研究に注力してきた。一方のルースラーティは、現在はスタンフォード・バーナム研究所とカリフォルニア大学サンタバーバラ校を拠点に、特定の種類の細胞同士が集合して精密な多細胞組織を形成するのを可能にする細胞表面接着タンパク質ファミリーについて、長らく研究している。

この3人はまず、セイラーのナノ粒子に、ルースラーティの接着タンパク質由来の配列をタグ付けする方法を研究するところから着手した。粘着性のある配列でタグ付けできれば、ナノ粒子を特定の組織部位——腫瘍の血管など——に結合させられると考えたからだ。このタンパク質配列はちょうど「郵便番号」のようなもので、血中を流れるナノ粒子を目的地となる標的組織の「住所」へと導く。目的地に到着すると、接着タンパク質はナノ粒子とも接着した状態のまま、標的組織に結合する。そのナノ粒子がMRIで検出可能な組成物であれば、標的組織もMRIで可視化されることになる。

これは魅力的なアイデアだった。バティアは酸化鉄ナノ粒子がMRIでとくに有用であることを知っていたので、同僚たちと共に、ルースラーティのタンパク質の「郵便番号」をセイラーの酸化鉄ナノ粒子に取り付けようと試みた。ところがここで問題にぶつかった。ナノ粒子があまりにも小さいので、MRIで可視化するには造影剤として検出可能な密度に達するようにナノ粒子クラスターを形成させなければならないが、そのようなクラスターを形成してしまうと毛細血管を通過できず、標的組織まで到達できなくなる。

他の戦略を考えるしかないことにバティアは気づいた。MRIの造影剤となるのに十分な質と密度を備えつつも、目的地に至る毛細血管を詰まらせるほど大きなクラスターは形成しない、そんなナノ粒子の送達方法を見つけ出さなくてはならなかった。かなりの難題だった。しかし彼女は最終的に、あるアイデアを思いついた。標的となる組織に到達してから必要に応じてクラスターを形成するようなナノ粒子をデザインできないものか？ つまり、1個ずつばらばらの状態で血中を流れていき、標的組織に到達してから——到達してからのみ——クラスターを形成するようにナノ粒子を作り込もうというわけだ。バティアがイメージしたのは、単に、ナノ粒子に「郵便番号」タンパク質をタグ付けて特定の組織の「住所」まで届けるのではなく、標的組織に特有の生物学的特性を活かして、その組織でのみクラスターを形成させるような、そんな新しい種類のラベルをナノ粒子に付加することだった。

離れ業を成し遂げる

バティアの研究チームはさっそく動き始めた。まず、ナノ粒子を2セット用意した。次に、一方のセットのナノ粒子には、強い親和力で互いに結合する1対のタンパク質の片割れでラベル付けし、他方のセットのナノ粒子には、1対のタンパク質のもう一方の片割れでラベル付けした。こうして異なるタンパク質でラベル付けした2セットのナノ粒子同士を接触させると、互いに結合して大きなクラスターを形成した。血中を流れている間にこのようなタンパク質同士の結合とクラスター形成が起こらないように、バティアのチームは結合タンパク質を覆い隠す「シールド」をナノ粒子に取り付けることにした。不活性な物質（PEG：ポリエチレングリコール）をシールドとして用いることにし、短いタンパク質鎖（ペプチド鎖）でナノ粒子につなぎ留めた。

PEGシールドのおかげで、血中を流れていくナノ粒子の結合タンパク質は覆い隠された状態になり、途中でクラスターを形成して血管を詰まらせることなく、流れていくことができた（しかも、PEGシールドはもう1つの恩恵として、人体の防御プロセスによって排斥されないようにナノ粒子を偽装する役目も果たした。血流に乗って体内を循環する物質は何であれ必ず人体の防御機構に遭遇する。人体の防御機構は、体外から侵入した異物を検知して体内から除去しようとするが、PEGシールドはそのような機構からナノ粒子を覆い隠してくれる）。

こうしてバティアのチームは、狭い毛細血管まで含めた血管系を通して、ナノ粒子を標的組織まで送り届ける準備を整えた。何度もテストを繰り返したが、新しいデザインのナノ粒子は彼女たちの望みどおりの挙動を示した。つまり、血流に乗って移動するあいだはクラスターを形成しなかった。おかげで、血管内を容易に通過でき、しかも、人体の防御システムによって検知されることも除去されることも回避できた。

次の課題は、標的組織に到達したナノ粒子にクラスターを形成させることだった。シールドを装

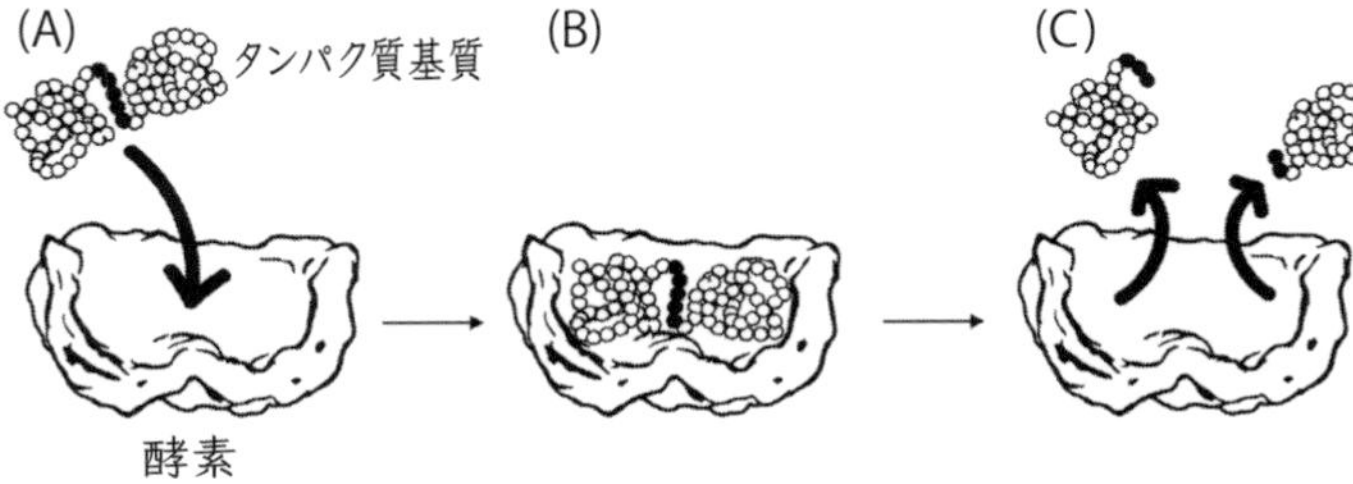

酵素がタンパク質を特定の部位で切断する。(A) 酵素が標的タンパク質（基質）に結合する。(B) 酵素がタンパク質の切断部位（黒丸の部分）を切断する。(C) 切断されたタンパク質断片が放出される。

着したままではクラスターを形成できないので、目的地に到着したときに——目的地に到着したときのみに——シールドを取り外す方法を考え出さなければならない。この課題に取り組むうちに、バティアは画期的なアイデアを思いついた。シールドを除去するために、その組織に特異的な活性をうまく利用できないものか？ このアイデアに基づき、彼女は巧妙な作戦を編み出した。シールドをナノ粒子につなぎ留めるためのタンパク質鎖として、標的組織で特異的に働いている酵素によって切断されるタンパク質を用いることにしたのだ。

酵素とは、他の分子を高い選択性で切断するタンパク質である（「高い選択性」とは少数の限られた標的に作用すること。なお、切断の他にも、結合や酸化還元反応などを高い選択性で触媒する酵素もある）。何千種類もの酵素が存在し、それぞれに特定の場所に局在し、特定の標的を切断する。つまり酵素とは、分子を切断するハサミのようなもので、ある酵素によって選択的に切断される特定の分子を、その酵素の「基質」と呼ぶ。酵素の基質はタンパク質であることが多い。酵素は、標的タ

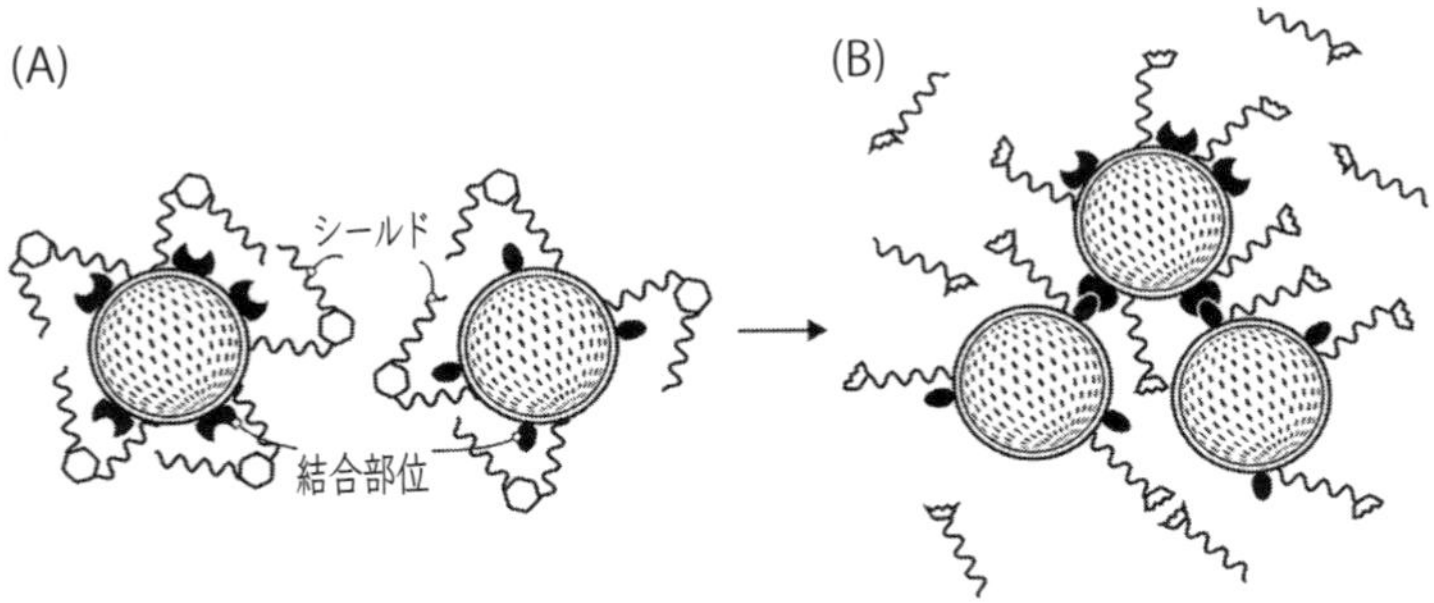

酵素によって誘導されるナノ粒子同士の結合。（A）互いに結合可能な結合部位をもつ２つの異なるナノ粒子。両者の結合部位はシールドで隠されているため結合が妨げられている。シールドには酵素の切断部位（六角形の部分）が含まれている。（B）酵素によって切断部位が切断される（半分に分断された六角形の部分）と、シールドが外れ、結合部位がむき出しになり、ナノ粒子同士が互いに結合できるようになって、クラスターが形成される。

ンパク質に含まれる特定のアミノ酸配列を見つけ出して、切断する。そうやって、特定のアミノ酸配列の部分でタンパク質を切断することで、酵素はきわめて重要な役割を果たしている。不活性型のタンパク質から活性型のタンパク質断片を切り出したり、活性型のタンパク質を切断して不活性型に変えたりしている。酵素の特性のなかでもとくに注目すべきは、基質を切断するときに酵素自体は不活性化しない、という点だ。つまり、一度きりではなく何度でも切断できるので、1個の酵素で大量の基質分子を切断することができ、毎回必ず特定の分子の特定の部位を切断するのだ。しかも、その反応速度は非常に速い。酵素によっては、1秒間に１０００回、場合によっては1万回も切断できる。

血液凝固、食物の消化、がん転移時の細胞の移動などの生物学的過程で選択性と効率性が絶妙に保たれているのも、酵素活性の高い特異性と反応の素早さのおかげだ。バティアはナノ粒子をクラスター化させるために、酵素活性を利用する方法を考案した。まず、組織特異的〔特定の組織でのみ働く〕な酵素を特定してから、その酵素の切断対象となるアミノ酸配列を含むタンパク質断片をデザインする。次に、そうやってデザインしたタンパク質鎖でPEGシールドをナノ粒子につなぎ留める。そうすれば、ナノ粒子が標的組織に到着したときに、その組織で特異的に働いている酵素によってタンパク質鎖が認識され、切断される。すると、シールドが解き放たれ、それまで隠されていた結合タンパク質がむき出しになり、結合タンパク質同士が互いに引き寄せあって、ナノ粒子のクラスターが形成される。

こうしてナノ粒子をクラスター化する方法は考え出せたが、実際にナノ粒子同士を会合させて複合体を作る際には、その構成要素を綿密に追跡する必要がある。この目的を果たすために、バティアの研究チームは蛍光マーカーを用いることにした。ナノ粒子、結合タンパク質、つなぎのタンパク質鎖付きのシールドが、いずれも正しく会合していることを確かめるために、ナノ粒子とPEGシールドをつなぐタンパク質鎖を蛍光タグで標識し、追跡した。

なんて複雑な！　かつて私の卒業研究を指導してくれた先生は、私が複雑奇怪に込み入った多層的な研究戦略を提案するたびに、「高度な離れ業を必要とする実験は、得てして失敗するものだ」と言っていた。だが、バティアはこの離れ業を見事に演じきった。２００６年、彼女の研究チームは培養細胞を用いた実験で酵素に媒介されたナノ粒子のクラスター形成に成功したことを報告した。２００９年には、ナノ粒子を組織特異的に送り届け、脾臓と骨髄の造影に使用できることを実証した。

これは輝かしい成果だった。結合タンパク質と、バティアが「合成バイオマーカー」と呼ぶ取り外し可能なタンパク質シールドを巧妙に組み合わせることによって、彼女のチームは標的組織でナノ粒子にクラスターを形成させる技術の実用化に成功したのだ。これはつまり、体内の特定の組織の内部をMRIで覗き見ることができるようになったということだ。特定組織での疾患の進行がMRI検査で明らかになれば、再び同じナノ粒子戦略を用いて、今度は、その疾患に特化した薬剤をその組織へ直接送り届けることができる。組織に到達したナノ粒子は、クラスターを形成して高濃度の薬剤として働くため、疾患に対して精確かつ集中的な方法で局所的に対処できる。

バティアのこの技術は、体内のさまざまな器官の疾患を診断したり治療したりするために――たとえば、その組織に腫瘍があるかどうか確認したい、あるいは進行性肝疾患による肝臓の損傷をモニタリングしたい医師のために――幅広く応用できる。しかし、この技術には、そのような標的組織を対象とする診断や治療にとどまらず、当初はほとんど着目されていなかったような活用法があることに、バティアはいち早く気づいた。ちょっとした幸運な偶然から、この新しいナノ粒子テクノロジーを用いれば、もっと迅速に、もっと高い感度で、組織を特定せずに、がんやその他の病気を検出できる手法の開発が可能になることを発見したのだ。

未来は小さい

患者の体内のどこか1か所に1塊りのがん細胞が見つかった場合は、外科手術や放射線治療でがん細胞を切除したり死滅させたりできることが多い。しかし、がんが転移してしまっている場合、治療は格段に難しくなる。増殖したがん細胞がいくつもの新しい場所に再定着していて、見つけ出すのも治療するのも困難だからだ。

がんの特性のなかでもとくに患者の命に関わるのが、転移である。がん細胞が新たな場所に転移するためには、その道中で遭遇する体内組織の壁や分子障壁を乗り越えていかなければならない。人体には「器官」と呼ばれる構造単位がいくつも組み込まれており、各器官の細胞は組織化されて非常に精密な構造を形作っている。各器官内の正常細胞がそれぞれの適正な場所に収まっていられるのは、それを保持する役目を果たしている分子構造物のおかげだ。侵襲性のがん細胞は、その分子構造物を突破しながら進むことになる。組織内に侵入するには、侵入するためのスペースを空けなければならず、そのために、がん細胞は特殊な酵素を出し、行く手に立ちはだかるタンパク質などの分子を切断する。

バティアのチームは、自分たちが新たに手にした「組織を可視化する」技術を使えば、疾患に対する正常な器官の応答をモニタリングできるだけでなく、増殖中のがん細胞など、疾患そのものを構成する細胞を追跡することもできるのではないかと考えた。移動中のナノ粒子のクラスター形成を防ぐために用いるシールドを、がんの酵素によって切断されるタンパク質鎖でつなげば、がん細胞に遭遇したときに――遭遇したときのみに――シールドが外れるのでは？　そうなれば、覆い隠されていた結合タンパク質がむき出しになり、ナノ粒子同士が会合し、腫瘍がある場所でクラスターが形成されることになる。ということは、従来よりもはるかに早い段階で、がんをＭＲＩで検出できるようになる可能性がある。

バティアのチームは、この理論を検証するために実験を行った。そして、実験用の腫瘍をＭＲＩで可視化することに成功した。これは大勝利だった。しかもこのとき、彼女たちはちょっとした幸運と卓越した科学的洞察によって、ある発見をした。その発見は、その後の彼女たちの研究をそれまでとは違う方向に――それまで以上に重要かもしれない方向に――推し進めることになった。

それは、実験結果を評価していたときのことだった。結果を精査していくうちに、不可解な点に気づいた。実験用マウスの腫瘍部位に期待どおりの明確なＭＲＩシグナルが認められた一方で、その他に、マウスの膀胱にも予期せぬ蛍光シグナルが検出されたのだ。

膀胱のシグナルを、実験上の人為的な影響であって取るに足らないものだ、と決めつけて無視することもできただろう。膀胱は尿を貯める場所であり、尿は廃棄物なのだから、シールドや切断された タンパク質鎖の要素が、通常の処理の一環として血液から濾過されて流れ込んできていても不思議はない。だが、他の説明も考えられる。この予期せぬ発見は、バティアのチームの学生たちを悩ませた。学生たちは膀胱にみられる異常なシグナルが実験の失敗を意味しているのではないかと不安に思っていた。しかし、この結果をバティアに見せたところ、彼女は何か通常とは異なる興味深いことが起きているのだと考えた。「私が受けてきた医学研修の常識から考えれば、私たちが

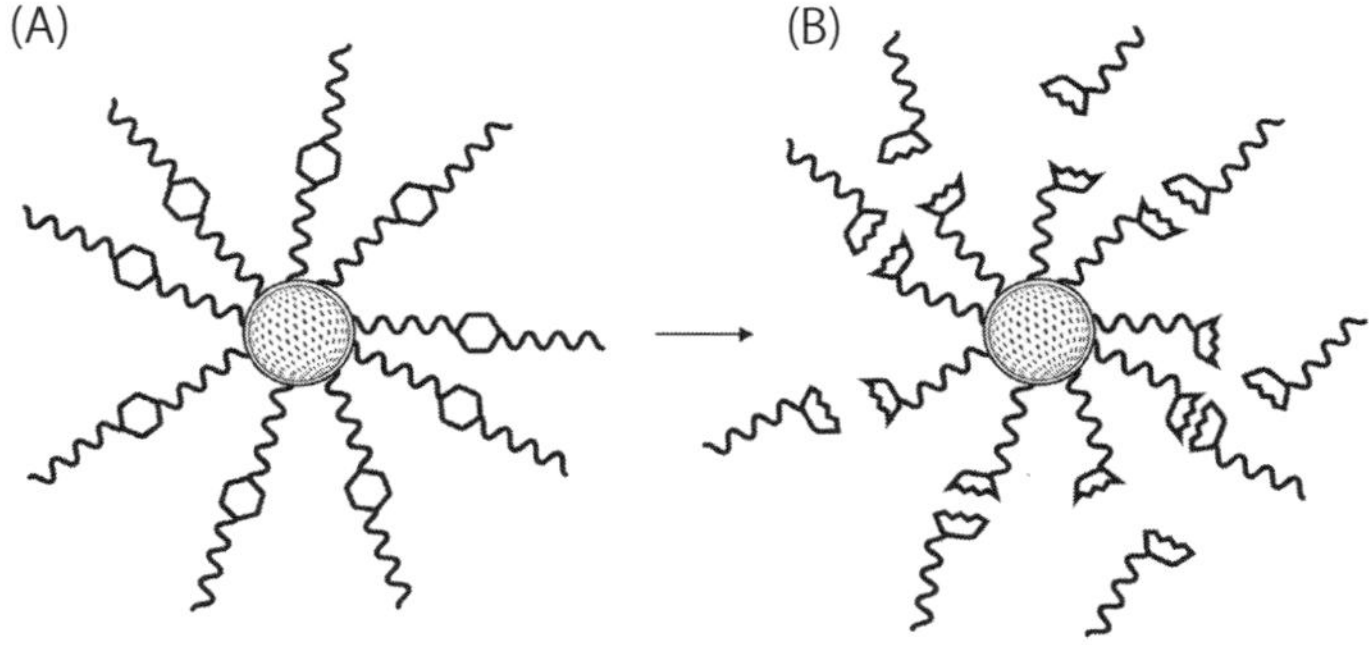

診断用のナノ粒子。(A) 疾患に特異的な酵素で切断可能な部位（六角形の部分）をもつタンパク質で装飾されたナノ粒子。(B) 疾患とその疾患に特異的な酵素が体内に存在すれば、その酵素によってタンパク質が切断され、タンパク質の先端側断片が遊離して血中を移動し、腎臓のフィルターを通過して尿に混入する。この小さなタンパク質断片が、尿検査で検出されることになる。

作ったナノ粒子が完全に集合した状態で尿に入り込むとは考えられませんでした。腎臓のフィルターを通過するには大きすぎるんです」と彼女は言った。

バティアは、何が起きているのかを何としても理解しなければと感じていた。そして、生物学的な手法を駆使して丹念に探った結果、答えを突きとめた。膀胱でシグナルを発していた蛍光タグは、無傷のナノ粒子に付属しているものではなく、PEGシールドとナノ粒子をつなぎ留めていたタンパク質鎖の小片にくっついた状態で腎臓に入り込んでいたのだった。バティアのチームは、実験の複雑な工程の最初から最後まで追跡できるように、つなぎのタンパク質鎖にタグを付けていた。最初に、つなぎのタンパク質鎖とシールドがナノ粒子に付着していることを確認し、次に、ナノ粒子が血流に乗って腫瘍まで移動するのを追跡するためだ。しかし実のところ、彼女たちはすべてを考慮できていたわけではなかった。シールドをつなぎ留めていたタンパク質鎖ががんの酵素によって切断されると、切り離された断片は腎臓のフィルターを通過して尿に混入できるほど小さいため、蛍光を発したままで膀胱に蓄積し、画像で確認できるほどの高濃度に達しうることには、考えが至っていなかった。

何が起きているのかを理解したバティアは、すぐに、この発見の意義に気づいた。彼女のチームが発見した生物学的機構は、ごく早期のがんを診断できる簡単で信頼性の高い検査法〔尿検査で陽性の場合に、画像検査でがんの場所を特定できる方法〕につながる可能性があった。これが実現すれば、がんの臨床医療に革命的進歩がもたらされることになる。

この発見以降、数年のうちに、バティアはこの診断検査法を簡素化した。今では市販の妊娠検査と同じくらい非侵襲性で安価ながらも感度のきわめて高い検査法として使用できるようになっている。その感度の高さは実に素晴らしいものだ。現在の画像診断検査や血液検査による診断法では、約1センチメートルの大きさがなければ腫瘍を検出できない。一方、バティアの検査法なら、5ミリメートル以下の腫瘍でも検出できるものと考えられる。がんの種類によっては5ミリから1センチまで成長するのに何年もかかる可能性があるため、小さいうちに発見して治療できるとなれば、がんとの闘いを劇的に有利に進められる。

この素晴らしい新テクノロジーの臨床開発を加速するために、バティアはグリンプス・バイオ(Glympse Bio)という会社を設立し、市販用の尿検査の開発にも参加している。この会社で彼女は同僚たちと共に、がん診断だけでなく、他の多くの種類の疾患も早期発見できる新しい診断テクノロジーの開発をいくつも計画中だ。「疾患の末期で死にゆく患者の命を救うために、私たちはあまりに多くの時間とお金を費やしてきました。しかし、多くの疾患については、早期に発見できれば、手遅れになる前に治療することができます」とバティアは語る。

バティアの研究からも明らかなように、ナノテクノロジーは検出法と治療法を劇的に改善し、費用を削減することで、医療に革命を起こすことだろう。バティアの探求の旅には、多くの同僚たちが熱心に参加している。その甲斐あって、たとえば、搭載された薬物を長時間にわたってゆっくりと放出するナノ粒子のおかげで、現在、がんやその他の疾患に対して、1回の注射で効果が持続する治療が可能になっている。また、多様な造影剤を運ぶナノ粒子が登場したおかげで、医療用の超音波検査とMRI検査の性能も高まっている。ナノ技術と生物学の統合が今後の何十年かで加速すれば、現在の私たちには想像もつかない新しいテクノロジーが生まれるだろう——そして、ナノテクノロジーは医療のあり方も病気との闘い方も根底から変えることになるだろう。そんな時代が来ることを固く信じているバティアに言わせれば、「未来は小さい」のだ。

5

身体革命▼

脳を増強し身体の動きを取り戻す

最新モデル「エンパワー」

ジム・ユーイングは、家族とクリスマス休暇をすごしたケイマン諸島から、別人のようになって帰ってきた。登山用ロープの会社の開発技術者であるユーイングは、自身も10代のころから熱心なロッククライマーだったが、この休暇中、大海を見渡す絶壁をよじ登っているときに、ロープの異常が原因で50フィート（約15メートル）下の鋭く険しい岩場に落下したのだ。それから1年かけて、骨盤の骨折、手首の脱臼、肺の損傷は十分に回復したが、何度も手術を受け、どれだけ理学療法に励んでも、落下の衝撃で潰れた左脚だけは耐えがたいほどに痛み、日常のほんの些細な動作さえままならない状態だった。激痛のせいで靴下をはくこともできない。以前のような活動的な生活に戻りたいという望みは、すでに諦めていた。彼は厳しい選択を迫られていた。自分の脚をこのままの状態で保持するのか、それとも見切りをつけるのか。切断手術を受け、義足に頼る新しい人生を歩み出すべきなのか？　考えるだけでも恐ろしくて、彼は決断できなかった。

ユーイングは技術者だったが、あくまで医学的な解決策を探し続けた。しかし、望みは薄かった。そんなときにふと、数十年来の登山仲間のことを思い出した。その男性は両脚とも義足ながら、ニューイングランドで最も険しいと言われる岩壁をユーイングと一緒に登り切っていた。ユーイングは彼に連絡を取ることにした。

ユーイングの登山仲間だったヒュー・ハーは、現在、ＭＩＴのメディア研究所でバイオメカトロニクス研究グループの指導教授をしている。ハーは、ユーイングの将来について、まったく異なる展望を示してくれた。スマート義肢のデザインの最先端に身を置くハーは、その分野に人並ならぬ深い関心を寄せている。１９８２年、17歳のときに、彼は登山中の事故で両脚を失った。負傷後も再び山に登ってみせると心に決めていたが、当時の原始的な義足では、彼の夢は果たせそうになかった。当時の義足では、本来なら関節と筋肉によって生み出される脚力をまったく補うことができず、神経系とのやり取りも一切なかった。まっすぐに立って歩ける程度の安定性はあっても、山肌をよじ登れるほどの機敏性はなかった。

だが、ハーは自分の夢を諦めなかった。自分の手で何とかしようと考えた。まだ学生のうちから、再び山に登るための義足を作りはじめ、人生で初めて、真剣に勉強した。高校を卒業すると、地元のカレッジで物理学を学び、そこでの優秀な成績を認められてＭＩＴの大学院に進んだあと、ハーバードの大学院にも進学し、機械工学と生物物理学を学び、力学や運動と力の数学モデリングに関して深い理解を得た。ポストドクターとしてＭＩＴに戻ると、コンピューターに制御された革新的な新世代の義足の設計と製造に着手した。そして現在、彼は自分でデザインした義足を使って、再び、本格的な登山家として貪欲に山に登り、世界中を飛び回っている。その優雅な身のこなしは、彼の脚が義足だとは誰も思いもしないほどだ。いまや彼は、手足の切断や麻痺に苦しむ人々にとって、自由に動き回れる生活を取り戻すための未来のテクノロジーをイメージさせる、大きな希望の光になっている。

ハーがユーイングからの電話を受けたのは、実に良いタイミングだった。というのも、彼はちょうど、新しい切断術と組み合わせることで装着者とロボット義肢の相互作用を可能にするような、これまでにない人工装具をデザインするプロジェクトに取り組んでいたからだ。そのときユーイングの心は、まだ選択肢のあいだで揺れていた。

ハーがデザインした足関節のコンピューターと機械構造は、ヒトの足首の動きを見事な正確さでシミュレートする。手の動きも足首の動きも、いや、私たちのどんな動作も複雑な運動系の産物だ。運動系は、神経系と筋肉を使って私たちの意思を――たとえば階段を上るという意思決定を――動作プログラムに変換し、能動的な思考をほとんど必要とせずに、きわめて複雑なタスクを高い正確性で実行する。私たちはそのような運動系を構成する要素の一部については鋭敏に察知するが、他の部分は概ね自律的に機能するので、ほとんど意識されない。

ごく単純な動作を例にあげよう。たとえば、右脚を左脚の上に乗せる形で脚を組んで座っているときに、ぶらぶらさせている右足を曲げ伸ばししたくなった場合、あなたはふくらはぎの筋肉を活性化することによって右足首を動かす。単純なように思えるこのタスクを達成するにあたって、あなたはこの動作に必要な神経の働きと筋肉の動きの詳細をすべて細かく意識するわけではない。足先を下に向けるために、ふくらはぎの筋肉に収縮しろとあなた自身が指令を出す必要はないし、脛の筋肉に弛緩しろと命令する必要もないし、そうした動作に抗う必要もない。右足を動かすとき、あなたは右足を動かすという自分の意図は意識しているが、意図してから実際にその動作が達成されるまでのいくつもの細かな工程については意識していない。

あなたも実際に脚を組んでこの動作をしてみてほしい。あなたの脊髄中の神経細胞でシグナルが生じ、そのシグナルによって、足先を上げ下げするのに適した筋肉が活性化される。このとき、筋肉を直接活性化させるのは、運動ニューロンと呼ばれる神経細胞だ。運動ニューロンは、脊髄の中に存在する。脊髄は、脳から背骨の中心へと続く細長い筒状の神経系である。運動ニューロンの「活動基地」となる細胞の本体部分には、細胞核（とＤＮＡ）のほか、細胞活動（たとえばＤＮＡの解読、ＲＮＡへの転写、ＲＮＡからタンパク質への翻訳など）を支える細胞器官のほとんどが内包されている。個々の運動ニューロンには、軸索と呼ばれる細く長い枝が1本あり、脊髄の外まで伸びている。数千個の運動ニューロンの数千本の軸索が集まって束になり、神経として特定の筋肉まで到達して接続し、筋肉の活動を駆動している。

脊髄には、運動ニューロンのほかにも無数のニューロンが存在しており、相互に作用し、神経回路を形成して、私たちの動作を統括している。運動ニューロンが筋肉の収縮を駆動する一方で、筋肉中や関節の腱のなかにある感覚神経終末が筋肉の活動に関する情報（たとえば筋肉が縮んでいるのか伸びているのか）を脊髄へ送り返す。望ましい動作を達成するために、脊髄から筋肉へ届くシグナルと筋肉から脊髄へ戻されるシグナルのバランスは慎重に調整されている。あなたの足関節を動かす際の事細かな調整（たとえば足先を下に向ける筋肉を活性化しつつ、足先を上に向ける筋肉を抑制するなど）は脊髄内で行われる。そして、そういった調整の多くは、足関節そのものの位置と動きに応答して起きる。

片脚が失われた場合、脊髄との接続によって動作を駆動することはできなくなる。人工足関節はあなたの意思に応答できない。しかし、ハーは自分が開発した人工足関節にコンピューターを内蔵し、正常な足関節の動きを模倣するようにプログラムした。自分の脚で歩く人々が歩調を変化させたり不規則な路面（道の傾斜など）に対応したりするときに脳と脊髄の間で交わされるようなフィードバックを、プログラムで再現したのだ。そのような人工足関節をデザインするために、ハーは足首と脚の動きを追跡する先進的なセンシング技術を用いて歩行に関する生物学を研究した。また、歩行中の人物が消費するエネルギーを生物学的な脚の場合と従来の受動的な義足の場合の両方について測定し、両者に劇的な差があることを実証した。彼は、歩行中に後ろの足で地面を「蹴り出す」ときに正常な足首が地面に及ぼす力の大きさを測定した。硬直した人工の脚と足関節と足では、安定性は得られても、推進力を加えることはできない。そのような義足を装着している人々は、歩を進めるべく足を前に出すために、相当な労力を強いられているということだ。

ハーはこうした生物学的な要因をモデル化し、コンピューターを内蔵した人工足関節に搭載した。その最新モデルを彼は「エンパワー（EmPower）」と呼んでいる。エンパワーを装着して歩くと、生物学的足関節で歩行するのと同程度のエネルギーで歩ける。これは、戦場で負傷したあとに元の生活に戻って職場に復帰している退役軍人は言うまでもなく、ハー自身のような人々にとっても注目すべき成果であり、変革をもたらす進歩だ。しかも、歩きやすいだけではない。エンパワーの人工足関節は、ユーザーにただ漫然と規則正しく足音を刻ませるだけでは終わらない。リズム良く歩けることも十分に要求の高い課題ではあるが、ハーがバイオメカトロニクス研究で取り組んでいる多くの課題のうちの1つにすぎないのだ。私はもっと知りたいという思いに駆られ、彼の研究室を訪ねた。

ハーの研究室は手狭で、2つの階からなる作業部屋に機器と「スペア部品」がめいっぱい詰め込まれている。研究室に到着した私は、装置やツールであふれかえった実験台、さまざまなデザインの義肢、何台ものコンピューターに接続されたランニングマシンのあいだをすり抜けるように歩いた。コンピューターはいずれも歩行中または走行中の速度、負荷強度、下肢の各関節の角度位置をきわめて精確に測定できるようにプログラムされている。私は作業部屋の角にあるらせん階段を上った。限られた空間を最大限に生かすための建築上の細やかな工夫だ。階段の上にあるハーの小さな仮設オフィスに備えられているのは机と椅子だけで、あとは義足がいくつか壁に立てかけられていた。

ハーは研究室の総力をあげ、自分の人生を賭けて未来の補助器具を考案し、そのレパートリーの幅を広げてきた。切断された腕や脚の残された部分と義肢との接続部としてコンピューターでデザインされたソケット、筋肉中のシグナルを検出することによって装着者の意思で義肢を動かすことを可能にする装置、そして、いつの日か義肢と神経系を接続して装着者が義肢を動かせるだけでなく動きを感じることも可能にするための、脳とコンピューターのインターフェイス技術。ハーが目標にしているのは、神経系によって駆動される義肢をデザインし、失われた腕や脚の機能を完全に取り戻すことだ。

ハーがこれまでにデザインしてきた人工足関節は、義肢テクノロジーの世界で1つの勝利を収めている。脚を失った人々も今では、新しい脚を得て、負傷前から大好きだった活動を楽しむことができる。通りを散歩することもできるし、起伏に富んだ山道を登っていくこともできる。重要なのは、従来の受動的な義足とは異なり、このエンパワーの義足を装着すれば、生物学的な足首と同様の作業負荷をこなせるということだ。このテクノロジーは、腕や脚を失ったすべての人にとって革新的な進歩となりうる。だが、よくある話ではあるが、新たなテクノロジーで真に変革を起こすためには、研究レベルを脱し、製品として市場に送り出す方法を見つけなければならない。そのためには、軽量化し、適応性を高め、製造コストを抑え、メンテナンスを容易にする必要がある。研究室で生まれたイノベーションが市場に送り出されるまでの流れを理解するために、私は義肢開発業界の先駆的企業の一角であるオズール（Ossur）社を訪問することにし、本社のあるアイスランドに飛んだ。

自分で考える膝

10月下旬、私はアイスランドの首都レイキャビークに降り立ち、街の中心部にあるホテルにチェックインした。翌朝、9時にホテルを出てオズール社のオフィスに向ったが、街はまだ夜明けの時間帯が続いていて、北極圏が近いことを思い知らされた。30分後、オズール社の本社ビルに到着したころに、いよいよ本格的に太陽が昇りはじめ、ビルの玄関ロビーにも朝日が差し込み、壁に掲げられた同社の企業理念が明るく照らし出されていた。「人生に限界はない」という同社の理念は、これから私が何を目撃することになるのかを予見させるにふさわしいものだった。

受付で到着を告げると、居心地のよいラウンジで待つように言われた。部屋の至る所に写真やビデオスクリーンが展示されている。映し出される人々は、大人も子どももオズール社の義肢を装着していて、サイクリングや山登りやランニングゲームを楽しんだり、階段を上るなどの日常のちょっとした活動をこなしたりしていた。腕や脚を失った人々にとっては、そういう日常の当たり前の動作ができるだけでも大変な偉業なのだ。私は1枚の写真に強く心惹かれた。美しいウェディングドレスに身を包み、喜びに輝きながら、間もなく夫になる男性の横を歩く花嫁の写真だった。

花嫁の誰もがするように、彼女もドレスの裾を持ち上げていた。その裾の隙間から、2つの義足の骨組みが見えていた。すぐ横のビデオスクリーンでは、陽気にはしゃぐ子どもたちが色鮮やかなランニングウェアを着て運動場を走り回っている。そのなかには、片脚が義足の子もいれば、両脚が義足の子もいた。スマート義肢のおかげで取り戻すことのできる新しい生活をほんの少し垣間見れたところで、オズール社の2人のリーダーが待合室に現れた。ヒルドゥル・アイナルスドッティルとキム・デュ・ロイだ。私たちは挨拶を交わした。それから数時間かけて、彼らは社内を案内し、同社の製品を紹介してくれた。その多くはコンピューターに補助された最新の義肢で、現在、切断手術を受けた人々に実際に使用されているものだった。壁面のガラスから美しい山並みを一望できる長い回廊を渡るあいだ、デュ・ロイは歩くペースも話すペースも緩めることなく、オズール社のバイオニクス（生体工学）研究室へ案内してくれた。

アイナルスドッティルがコンピューター駆動型の膝関節装置を指差した。同社の「リオニー（RHEO KNEE®）」と呼ばれる製品のプロトタイプで、装着者の動作を予測するようにデザインされている。リオニーは歩行と走行をただ可能にするのではなく、支援する。従来の機械的な義肢にはできないことだ。私はヒュー・ハーが開発したコンピューター駆動型人工足関節「エンパワー」との類似性に気づいたが、それが偶然の一致ではないことを知った。説明を聞くと、このテクノロジーはもともとハーの研究室で開発されたもので、ライセンス契約をいち早く結んでいた企業を、オズール社が獲得したとのことだった。

現在、オズール社は世界中の人々のために人工膝〔膝継手〕を製造している。エンパワーと同じく、オズール社のリオニーにも小さなコンピューターが内蔵されており、装着者の動作を予測することで、脊髄内で正常に行われている神経処理を模倣する。おかげで装着者がさまざまな状況のなかで動き回っても、洗練された応答を返すことができる。階段の昇り降りにも、険しい山道の登り下りにも対応できる。ゆっくり歩くことも早歩きもできるし、椅子に腰掛けるのも立ち上がるのもスムーズにできる。同社の人工膝に内蔵されたコンピューターと電子部品は、「自分で考える」膝を実現し、従来の受動型の人工関節に比べて、装着者の機敏性を大幅に向上させた。そのような機動性の強化は、ハーが開発したエンパワーでも実現されている。

同社の製品を市場に出すためには、人工足、人工足関節、人工脚、人工膝のいずれも、集中的な激しい使用や重量負荷、ねじれや曲げの動きに対する耐久性が求められる。場合によっては、一生を通じての使用に耐える必要もある。なぜなら、切断手術を受けたあと、人工装具に医療保険が適用されるのは1回限りであることが多く、修理や部品交換には適用されないからだ。オズール社が開発したリオニーは、耐久年数が長く、応答性が高く、規制当局の認可を受けており、法令による定期的な修理点検の必要がない。これらすべてを実現できたのは、オズール社が人工膝本体のテクノロジーだけでなく、高い信頼性と効率性を備えた製造テクノロジーをデザインしたからこそだ。義肢の生産は、優れた設計に始まり、優れた製造技術に終わる。

デザインを製品化するために、オズール社の本社ビルには製造施設も備わっている。デュ・ロイが次に私を案内してくれたのはアッセンブリ（組み立て）研究室だったが、本質的にはオンサイト工場（同じ建屋内や敷地内に開発現場と近接して設置された工場）である。ここでは同社が需要に合わせてどのように製造プロセスを構築しているのかを見ることができた。オズール社では、最高品質の金属（ジェット機のエンジン部品に使用される種類のアルミニウムやチタニウムなど）と最先端の炭素繊維を使用し、要求されるレベルの精確性を達成するために製造プロセスの改善とモニタリングを繰り返している。私はいくつもの部品が十数台のさまざまな機械の中を流れていくのを見た。金属ブロックや紐状の炭素繊維が成型され、研がれ、磨き上げられて、足首や足や膝が出来上がる。部品によっては、エラー許容範囲がわずか8マイクロメートルのものもある。それほどまでに繊細なレベルの精密性と強度を毎日、終日、保持しなければならない。装着者は日々の活動のなかで歩き回ったりよじ登ったり、急に立ち止まったり立ち上がったりと、絶えず負荷をかけながら動き回るからだ。

アッセンブリ研究室を後にしたデュ・ロイは、足早に階段を下り、数階下の広々とした日の当たるロビーへと案内してくれた。傾斜台、階段、平坦な歩行面、起伏のある歩行面、固定された自転車など、その他にもさまざまな機器が並んでいて、見たところ運動スタジオのようだ。そこは、オズール社の歩行研究室だった。機器のほとんどは使用中で、何人もの人が歩いたりジャンプしたり自転車を漕いだり、結果をモニタリングしたりしている。使用者のほとんどが義肢を装着していたが、オズール社内で数時間を過ごしたあとでは、もはや当然のように感じられた。デュ・ロイは、義足装着者が階段を上り下りできるようにするために開発者が解決すべき課題について、説明しはじめた。そして、「わかりやすいように」と言って、ズボンの裾を捲り上げ、（とてもお洒落な）ソックスを引っ張って脱ぎ捨てると、私が階段を上るのと同じテンポで階段を上がるために、人工足関節がどのように働いて足先を上向けさせるのかを実演してみせた。その日、その時までに私はすでにオズール社内を数時間は案内され、デュ・ロイと一緒に1マイル近く歩き、階段を何度も上り下りしていたが、彼の足取りに不自然さを感じたことは一度もなく、まさか彼の左足が生物学的な足ではなく義足だとは、想像もしなかった。

デュ・ロイの足と足関節は、「プロフレックス（Pro-Flex）」という同社の最新の製品だ。彼もアイナルスドッティルも、その革新的デザインについて話すときには興奮を抑えきれない様子だった。プロフレックスは機械の特性を最大限に活用している。最先端の炭素繊維と複雑にデザインされた接続部が機械的な蹴り出しと関節部の回転を実現しており、コンピューターやモーターがなくても、デュ・ロイが必要とする多用途性、バランス性、パワーを与えてくれている。プロフレックスは、これまでに開発されたどの装具よりも、足首の自然な動きに近い動きを再現している。それでいて、もっと複雑な義肢よりも軽量で、コストも低く、構造も頑丈だ。

意思に応答する義肢

オズール社で展示され、製品化されている新素材、新しいコンピューター、新しい装置はいずれも義肢の新たな可能性を切り開いてきた。従来の製品よりも用途が広く、バランスが保ちやすく、パワーもある。しかし、電動化され、コンピューターで制御された、最新式の人工膝を装着している人でも、ときには強く不満を覚えることがある。自分の腕や脚を動かすときのように簡単には動かせない――つまり、意識しないと動かせない――ことを不満に思うこともあれば、「膝に歩かされている」ように感じて落ち着かない気分になることもある。

スマート義肢の世界の次なる大きな課題は、神経系と連動して装着者の意思に応答する義肢をデザインすることだ。オズール社もその課題に取り組んでいることを、私は同社の研究開発部門の副部長であるマグヌス・オッドソンと話したときに知った。

オッドソンが放つある種の凄まじさは、私に大学時代の同僚を思い出させた。私と会話しながらも、その会話のレベルを数段上回るレベルで絶えず頭を働かせているようだ。彼は慎重に、精密に話す。彼の説明によれば、意思による義肢のコントロールに関する同社の研究目標は、「臨床的に有効性を認められた革新的なソリューション」を生み出すことだ。つまり、実証可能かつ測定可能な形で、実際に使用される状況において、実際に使用する人々の役に立つ製品でなければならないということだ。運動性を改善すると同時に、装着者に受け入れられる製品であることが欠かせない。義肢をデザインして終わりではない。装着者の運動機能の向上に関する医学的エビデンスとともに、価値創造とコスト削減についてもエビデンスを示す必要があった。開発企業として成功を収めるためには、新しい発想で研究の最先端を走りつつ、市場に受け入れられるかどうかを見極めるバランス感覚が不可欠なのだ。単に機能するだけでなく、医療従事者たちに認められ、長期使用に耐えるものでなければならない。そのすべてを達成するにあたり、「その鍵となるのはシンプルさだ」とオッドソンは言う。

オズール社の戦略は、装着者自身の体の仕組みに基づいて構築することであり、筋神経系を再構築・再編成しようとしないことだとオッドソンは説明してくれた。オズール社が目指すのは、人々が失った機能を取り戻す助けになることであって、新たな機能や超人的な能力を創り出すことではない。だからこそ同社は、局所的な筋肉の活動と制御――たとえば脚の筋肉の活動と制御――に関わる正常な生物学的プロセスに注目してきた。

装着者の「意思」で人工の足と足関節を動かせるようにするというオズール社の戦略では、切断手術後も残って機能している筋神経系の構成要素に働きかけることになる。思い出してほしい。脊髄内の運動ニューロンには長い軸索があり、腕や脚にまで伸びていて、特定の動きに関わる筋肉を活性化する。切断手術では、脊髄から切断箇所までの神経系は無傷で残る。また、膝より下の切断手術の場合はたいてい、足関節部を曲げ伸ばしするために正常に働く膝下の筋肉の一部が保持される。それを踏まえて、オズール社は生体に適合して筋肉の動きを感知するワイヤレス電極を開発した。この「筋電」センサーを、正常な状態であれば足首の曲げ伸ばし（足先の上げ下げ）をコントロールするはずの筋肉と、その筋肉の収縮／弛緩状態に応答する筋肉に埋め込む。筋肉に埋め込まれたセンサーは、下腿に装着された義足の縁に取り付けられた受信器にシグナルを送る。シグナルを受けた受信器は、その情報をコンピューター制御された義足のモーターへ中継し、モーターの働きで義足の足首が曲がったり伸びたりする。

オッドソンはオズール社の進展を紹介するために、カーリーという名の切断手術患者の動画を見せてくれた。彼はオズール社が開発した新世代の意思駆動型義肢のプロトタイプ試験に協力している。動画に映るカーリーは、右脚の膝下に義足を装着している。無傷の左脚の上に義足の右脚を乗せる形で足を組んで座わり、足に注意を向けていた。カーリーは、ちょっと意識するだけで、足を曲げ伸ばしできた。ロボット化された足首も、生来の足首と同じように動かせる。義足の足首を何度か曲げ伸ばししたあとで、カーリーは勝利の笑みを浮かべて顔を上げた。喜びと驚きと誇りの入り混じった表情だった。

もちろん、カーリーはただ念じただけで足と足首を動かせていたわけではない。切断手術で生来の足と足首は失われていても、膝下に残された筋肉の一部は保持されていて、筋肉を収縮させたり弛緩させたりすることができる。コンピューター制御の足首を駆動する筋電センサーを埋め込む前は、残された膝下の筋肉をわざわざ収縮させたり弛緩させたりする理由がなかった。そんなことをしても、何の役にも立たなかった。しかし、筋肉からのシグナルを受信して動く義足を得た今、彼は再び、自分の足を動かすことを考えるようになり、その意思を表現させることができるようになったのだ。このようなテクノロジーが一般的になっていけば、切断手術を行う外科医の仕事のあり方も変わっていくだろう。術後に意思駆動型の義肢を取り付けることを見込んで、「スマート」義肢を使用できるように、切断する腕や脚の先端に残る筋肉の活性をできるだけ保存しようと努めるようになる。このあとに紹介するとおり、それこそが、ヒュー・ハーが現在のプロジェクトで取り組んでいることだ。

切断手術患者の運動性と機能をほぼ完全に復元すること、そして、幅広い市場に届くデザインを生み出すことによって、オズール社は私たちの義肢

オズール社内の
女子トイレのマーク

に対する考え方を変化させた。従来の義肢はシグナルを伝達できなかったが、新しい義肢はシグナルを正常に伝達できる。そんなメッセージを、私はオズール社内の女子トイレのマークを見たときに感じ取った。そのマークとは、基本的にはよくあるスカートをはいた女性を表したマークなのだが、片脚が義足になっていた。

次世代のｉＢＣＩ

ハーの研究室とオズール社を訪問したことで、私は義肢が抱える難題は解決に向かっているのだという思いを深めた。だが、損傷によって生じる障害の多くは、腕や脚ではなく神経系そのものを傷つけている。脳損傷後の運動性の回復もきわめて複雑な問題だ。しかし、その分野でも私たちは素晴らしい進展を遂げつつある。それがどれほどの進展なのかを私が知ったのは、システム神経生理学の分野で世界を牽引する科学者の1人であるジョン・ドノヒューの話を聞くためにスイスの

ジュネーヴを訪れたときのことだった。

私が神経科学の世界に入った初期のころからの友人であり同僚であるドノヒューは、私たち人類と他の動物とを区別する最大の特徴である「大脳皮質」という脳領域について理解するために、そのキャリアを捧げてきた。なかでも、私たちの動作を指示する神経細胞が集まり接続し合っている「運動野」を重点的に扱っている。最近の彼は、米国ロードアイランド州プロビデンスのブラウン大学で教授をしながら、２０１４年からはジュネーヴのヴィース・バイオ神経工学センターで創立ディレクターも務めており、両拠点を行き来している。ヴィース・バイオ神経工学センターでは、脳の損傷や疾患によって身体が麻痺した人々の運動性を回復させるために、工学技術者、生物学者、コンピューター科学者、臨床医からなる協同研究チームを率いている。

脳が体の動きをどのように統制しているのかについては、20世紀の研究ですでに基本的な理解は得られている。意識的にせよ無意識にせよ、ある動作をしよう——たとえば、質問に回答するために挙手しよう、あるいは朝食を食べに下に降りるために階段の1段目に足を踏み出そう——と決めると、脳内の一次運動野（ＰＭＣ）と呼ばれる部分が働き出す。ＰＭＣは脳の表層の、耳より少し前方の上の方に位置する。ＰＭＣの神経細胞の軸索はとても長く、ワイヤーのように機能してＰＭＣから脳の基底、さらには脊髄にまで伸び、脊髄内の適切な運動ニューロンにまで達してシグナルを伝達し、特定のタスクを実行する。ＰＭＣからの入力を受け取ると、運動ニューロンは軸索を通じてその情報を脊髄の外へと中継し、目的の動きを実行する筋肉まで届ける。たとえば手を挙げる場合、ＰＭＣの神経細胞が脊髄の腕領域の運動ニューロンへとシグナルを送ると、そのシグナルは運動ニューロンの軸索を通って脊髄の外へと中継され、腕の動きを制御する筋肉まで到達する。

私が大学院で神経生物学を勉強していたころの教科書では、ＰＭＣは「点描画」のような組織をもつと説明されていた。ＰＭＣの神経細胞は体表をそのまま写した脳内地図のように配置されていて、地図上の各点に位置するニューロンが体のその場所の筋肉に対応する運動ニューロンを駆動すると考えられていたのだ。しかし、ドノヒューは研究を始めて間もないうちに、ＰＭＣという組織についても、脳による身体動作の駆動の仕方についても、われわれの理解を一変させる研究を行った。次々に画期的な研究を進め、ＰＭＣの各点は特定の筋肉や筋肉群ではなく、特定の動作に対応していることを明らかにしたのだ。たとえば手を挙げるときには、ＰＭＣ内の1ヵ所で、背中の筋肉と腕の筋肉の両方を駆動し、手を挙げるという一連の動作がスムーズに行えるように筋肉の出力を調整する。

ドノヒューの研究は世界中に認められている。彼がありきたりな道をたどっていたなら、大脳皮質の基礎的な神経生物学について研究し続けていただろう。だが彼は、思いも寄らない大胆な野心を追求した。ＰＭＣとその機構に関する知識を活用し、脊髄の損傷や疾患で身体が麻痺した人々が再び動けるようになるために、手助けをしようと考えたのだ。

脳も脊髄も無傷の場合、ＰＭＣや脳の他の領域のニューロン（神経細胞）は軸索を通じてシグナルを送ることで動作を駆動し調整する。このとき、シグナルは脳から軸索を通って脊髄に至り、運

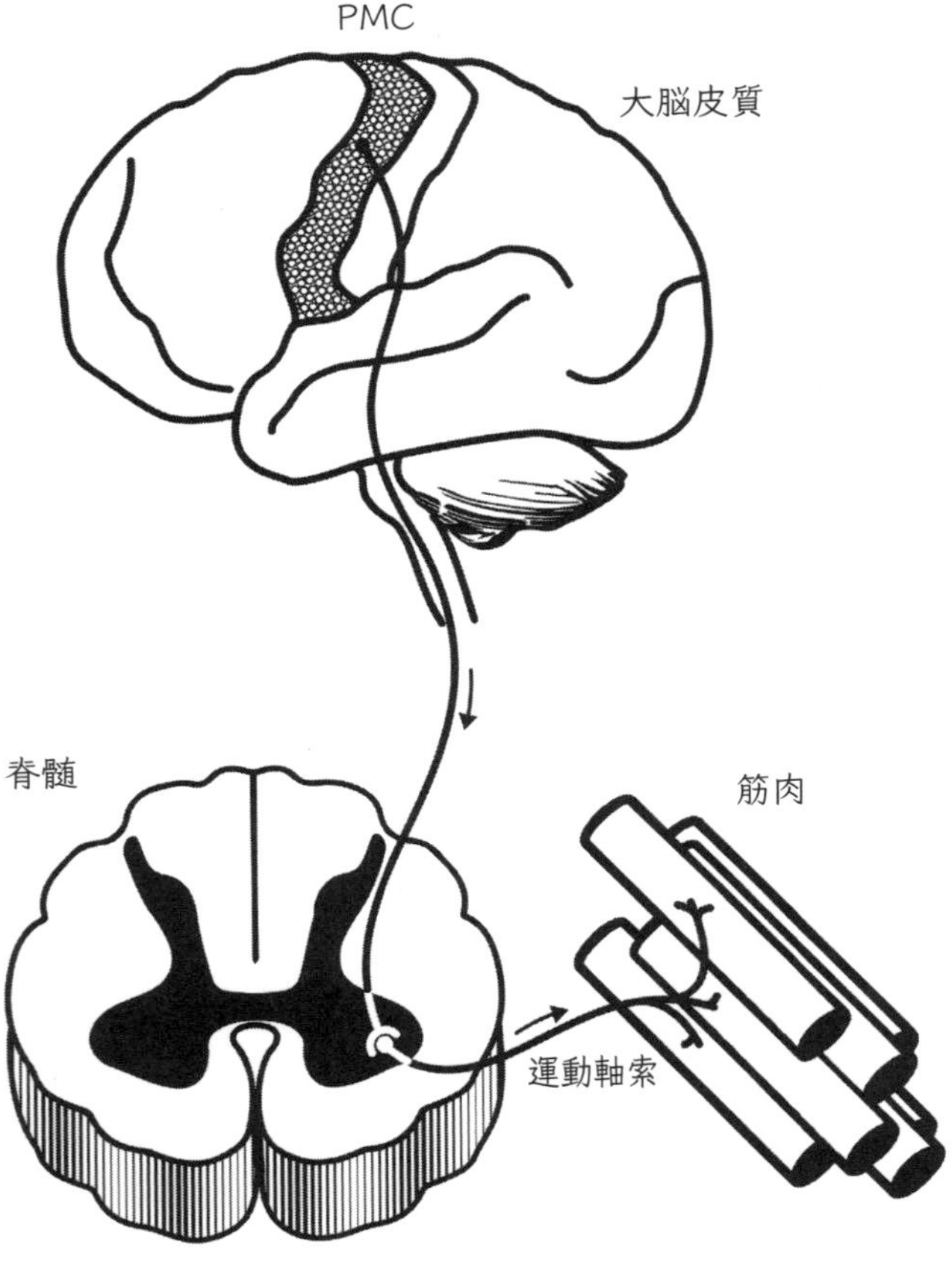

一次運動野（PMC）の活動が運動を駆動する。PMC のニューロン（神経細胞）には PMC から脊髄まで伸びている長い軸先がある。PMC ニューロンが活動すると、そのニューロンの軸索の先端が脊髄内で運動ニューロンを活性化させる。運動ニューロンの軸索は筋肉に接続していて、筋肉の動きを駆動する。

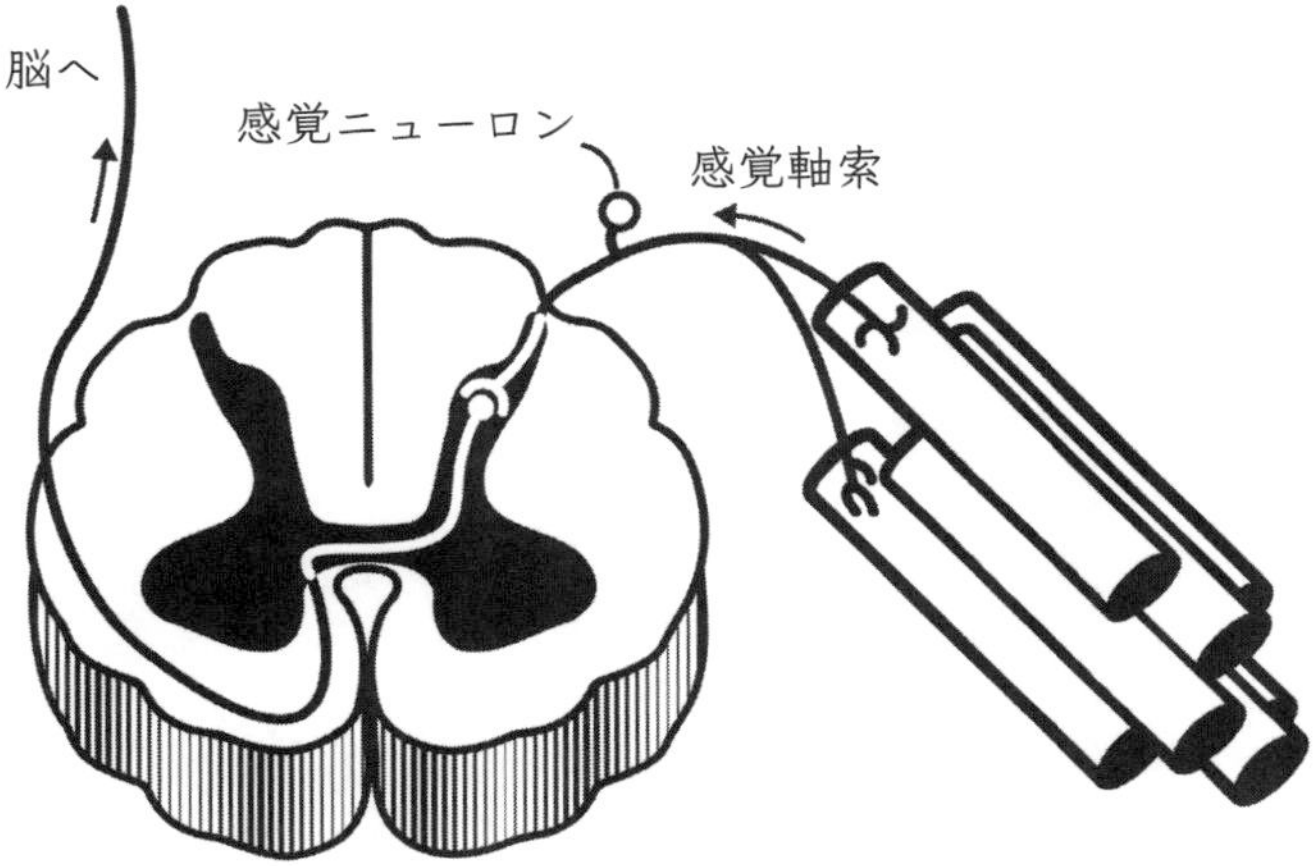

筋肉（または皮膚）からの感覚情報は、脊髄の外にある感覚ニューロンの軸索を通じて脊髄へと伝達される。届いたシグナルによって活性化された脊髄ニューロンは、感覚シグナルを脳へと伝達する。

動ニューロンを活性化させる。そして、ご存じのとおり、脊髄中の運動ニューロンの軸索は脊髄の外まで伸びており、筋肉を活性化させるわけだ。筋肉を協調的に効率よく動かすためには、フィードバックループを構築して動きを知覚しなければならない。私たちは、接触によって得られる感覚と、そのときの腕や脚の位置感覚から周囲の様子を知覚するが、そのシグナルは、先ほどとは逆方向に送られて脊髄へと伝達される。筋肉、皮膚、関節の感覚器に接続している軸索を通じて脊髄中の神経細胞へ送られ、脊髄をさらに上って脳へ到達する。このような感覚器から脳へと戻る神経ルートのおかげで、私たちは痛み、熱さ、冷たさ、腕や脚の位置や姿勢を知覚することができる。

一方、脊髄が損傷を受けている場合には、こうした神経ルートのすべてが切断されている可能性がある。脳は筋肉や感覚器から断絶され、結果的に麻痺や無感覚に陥ることになる。脊髄は、ゴツゴツとした筒状の「脊椎」に覆われて損傷から保護されており、私たちも背中の中央にある背骨として脊椎の存在を目や指で確認できる。同様に、脳も「頭蓋骨」という硬い骨に覆われて保護されている。脳と脊髄を保護することは、きわめて重要だ。皮膚や骨、肝臓、筋肉とは異なり、中枢神経系の神経細胞は損傷からの回復効率が低い。私たちの身体機能や活動は——呼吸するのも話すのも、見るのも歩くのも——すべてニューロンによって駆動されているが、ニューロンは損傷を受けても自己修復されない。膨大な量の研究と調査が行われてきたにもかかわらず、私たちはまだ、何が脳の回復を妨げているのか、その生物学を十分に理解できておらず、脳損傷を癒す効果的な戦略をもてずにいる。それはつまり、重度の脊髄損傷によって、自分の意思で脚や手を二度と動かせなくなることがしばしばあるということだ。トレーニングによって、損傷によるダメージを受けていない経路を通じて機能の一部を回復できる患者もいるが、脊髄を損傷した患者の多くは身体に麻痺が残り、感覚も戻らない。

ドノヒューは、脊髄損傷後に断絶によって自発的に動けなくなったとしても、ＰＭＣニューロンはまだ活動しているかもしれないという可能性を認識していた。そして、ＰＭＣの活性を記録することによって、その人物の意思を理解し、その意思を代替装置で動作に変換することができないものかと考えた。それができれば、損傷や疾患で身体が麻痺した人々に、再び身体を使って世界と関

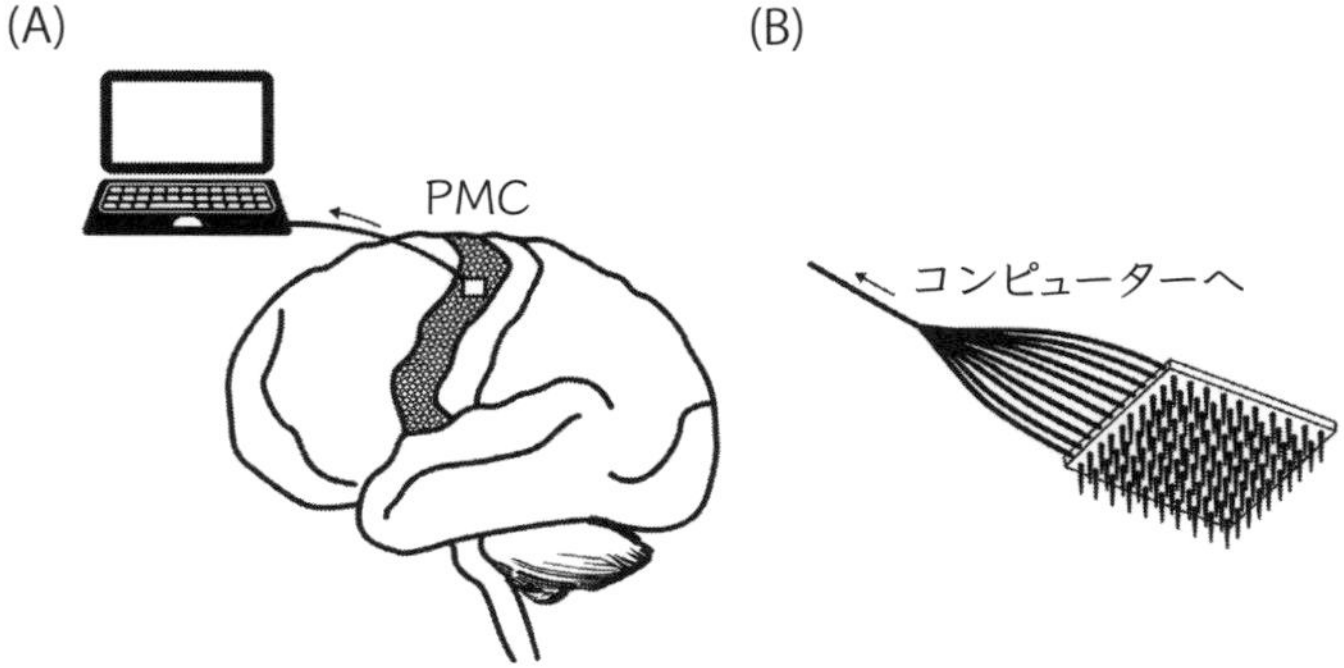

大脳皮質内ブレイン・コンピューター・インターフェイス（iBCI）は、意図された動作を一次運動野（PMC）のニューロンから記録できる。（A）小さな電極アレイ（PMC上の白い四角形）がPMCニューロンの活動を記録する。腕を動かすことを意図しはじめると、電極アレイがPMCニューロンのシグナルを検知し、検知されたシグナルはコンピューターへ送られる。コンピューターはシグナルを解読し、ロボットアームのような外部装置へと中継する。（B）iBCIの電極アレイには、約100本の細い針様の電極が配列されていて、PMC内に埋め込まれる。電極でPMCニューロンの活動を記録し、細くしなやかなワイヤーを通じて、近くに置かれたコンピューターにシグナルを伝達する。

わる道を与えられる可能性がある。その可能性を探求するために、彼は医師、工学技術者、神経生物学者など大勢の同僚たちに協力を仰いだ。そうして彼らは、２０００年代前半に大脳皮質内ブレイン・コンピューター・インターフェイス（ｉＢＣＩ）を開発した。ｉＢＣＩが脳の活動を記録してコンピューターに中継すると、コンピューターはその記録を用いて動作を駆動する。

ドノヒューと同僚たちが最初にｉＢＣＩの可能性を世に示したのは、２００６年のことだった。脊髄の損傷で首から下が麻痺した若者が、ｉＢＣＩとコンピューターインターフェイスを用いて「ポン」という卓球のコンピューターゲームで遊んだ。その若者が、自分の手でコンピューターマウスを動かすことをイメージすると、ｉＢＣＩが彼の意思を読み取り、コンピューター画面上の卓球ラケットを動かすという動作に変換した。

ドノヒューの研究チームはその後の数年間で目覚ましい進展を遂げ、２０１２年には、脳卒中で首から下が麻痺したキャシーという名前の女性にｉＢＣＩを使用したところ、腕を動かすことを考えただけで、装着しているロボットアームを動かすことができたと論文で報告している。それを可能にしたのは、小児用アスピリンほどのごく小さなチップだった。研究チームはそのチップを、本来なら腕を動かすときに最初に活動を始めるＰＭＣ領域に埋め込んだ。そのチップには細い針様の電極が１００本近く配列されていて、それをキャシーのＰＭＣに挿入したわけだ。各電極は、最寄りのＰＭＣニューロンで発生した電気シグナルを記録し、極細のワイヤーを通じてシグナルをコンピューターに送る。すると、コンピューターはそのシグナルを用いてキャシーの意思を解読する。こうして動作を指示するコードが解読されると、そのコードはコンピューター駆動型のロボットアームに送信された。その結果、キャシーは15年前に脳卒中を起こして以来初めて、そうしたいと思うだけで物を動かすことができたのだ。

研究チームは、ロボットアームを動かすことに成功したキャシーの姿をビデオで捉えていた。彼女に与えられた課題は、毎朝飲んでいるお気に入りのシナモンミルクティーが入ったボトル容器を手に取り、中身を飲むことだった。ビデオに映る彼女は、眉間にしわを寄せて集中し、腕を動かそうとした。すると、腕が動いた。ロボットアームはゆっくりとボトルをつかみ、持ち上げ、彼女の口元に運んだ。ボトルにはストローが付いている。彼女はストローを吸い、ミルクティーを味わい、口元の片端にかすかな笑みを浮かべた。しばらくすると、彼女は腕を伸ばしてボトルを口元から遠ざけ、目の前にあるテーブルの上に置くと、カメラに笑顔を向けた。勝利の笑みだ。それを見た瞬間、私の目に涙があふれた。

２０１７年、ドノヒューの研究チームはこのテクノロジーをさらに大きく進化させた。８年前の自転車事故以来、ずっと身体が麻痺していたビルという男性が、自分の腕を動かせるようになったのだ。研究チームは、２つのｉＢＣＩをビルのＰＭＣに埋め込み、刺激用の電極セットをビルの麻痺した腕の筋肉に埋め込んだ。キャシーのときと同じように、ビルもカップをつかんで口元に運び、中身を飲むように言われた。今回は、ビルが自分の腕を動かすことを意図すると、活性化されたＰＭＣニューロンのシグナルをｉＢＣＩが拾ってコンピューターに中継し、そのメッセージはコンピューターからビルの腕の筋肉に埋め込まれた電極へと送られ、電極が筋肉を刺激する。今回もうまくいった。ビルは自分で意図して、みずからの手でカップの取っ手をつかみ、カップを持ち上げて口元に運び、一口飲んだ。この８年以上の間に、彼が自分の手を使って飲んだり食べたりしたのは、これが初めてだった。

２０１７年の秋、私はヴィース・バイオ神経工学センターを訪れた。ドノヒューは嬉しそうに、彼の言う「ミュージアム」を案内してくれた。ガラスケースのなかには生体工学機器がずらりと展示されていた。その多くは、ｉＢＣＩより前に彼が開発した機器だった。たとえば、蝸牛インプラント（人工内耳）。この機器のおかげで、現在では多くの聴覚障害者が聴くことができるようになった。心拍リズムの異常を正常化する心房除細動器も展示されている。こうした人生を一変させるテクノロジーが、生物学的洞察とテクノロジーの発展によって時代とともにどれほど小型化されてきたかを、彼は私に見せてくれた。そして、ビルのＰＭＣに埋め込まれているのと同じ最新型のチップを私に手渡した。

チップの1辺は、4ミリメートルほどだった。そのチップに、長さ1・5ミリメートルの毛髪のような電極が１００本取り付けられている。ほとんど目に見えないほど細かな毛が並んで生えた極小のヘアブラシのような外見だ。チップの基盤には、細くしなやかなワイヤーが1本付いていて、電極が拾ったシグナルをコンピューターへ送ることができる。コンピューターは受け取ったシグナルを解読し、ロボットアームや生身の腕を意図どおりに動かすための電気出力に変換する。チップを手渡されとき、私はそのチップが可能にしてくれることの偉大さはもちろんのこと、その軽さにも衝撃を受けた。

次世代のｉＢＣＩとチップは、これより遥かに小さくなり、完全にワイヤレス化される。技術者のなかには、食塩の粒よりも小さなセンサーで神経活動を検知して伝達できるようになると予測する人もいる。そこまで小さな機器であれば、脳内のどこにでも埋め込めるようになり、より大量のシグナルを記録でき、その人物の意思をより正確に読み取れることだろう。

驚くべき新しいアイデアとしてブレイン・コンピューター・インターフェイスが語られるように

なった1960年代後半以降、神経生物学的な洞察とコンピューターの性能の両方が急速に発達し、それほど遠くない未来の展望として、困難な障害の大半は新しいテクノロジーで軽減できる可能性が開けた。ドノヒューの同僚の1人、リー・ホッホバーグ博士は、次世代のワイヤレス機器について、脳の活動を記録し、てんかんや双極性障害などにみられる異常パターンの発生を判読できるようになるだろうと想定している。また、補正されたシグナルを脳に送り返すことによって活動の正常パターンを復元する機器の登場も見込んでいる――そうなれば、神経障害や精神疾患によって生活に支障を来している人々も普通の生活を取り戻せるだろう。

筋肉ペアと脊髄を連結させる

このような医学の奇跡は、私たちが考えているよりも身近にある。ヒュー・ハーの研究チームは、切断手術患者がより自然な動きを取り戻せるように、人類初のプロジェクトをすでに始めている。彼のチームには整形外科医、神経生物学者、機械工学技術者、電気工学技術者、分子遺伝学者が集結しているほか、学生研究員も参加していて、彼らに専門的指導を行うことで、すべての専門分野を新しい方法で融合しようとしている。ヴィース・バイオ神経工学センターやオズール社の研究グループと同じく、彼らも運動制御の回復に正常な身体の仕組みを活用している。ジム・ユーイングがハーに電話したときには、ちょうど事を進める準備が整っていた。そしてユーイングは、現在では「ユーイング切断術」と呼ばれている術式を試す最初の人物となることを志願したのだった。

ハーと同僚たちは、関節周りで対をなす「主動筋」と「拮抗筋」を再び正常に対合させたうえで正常な神経に働きかけて主動筋・拮抗筋ペアと脊髄を連結させることに、重点的に取り組んでいる。たとえば、足首を曲げ伸ばしする場合には、ふくらはぎの筋肉と脛の筋肉が交互に収縮したり弛緩したりする。収縮と弛緩はいずれも神経回路――筋肉から脊髄に至り、脊髄内で何度か中継され、筋肉へと戻る回路――によって制御されている。スムーズに効率よく動かすには、収縮と弛緩の調整が必要だ。筋肉と関節から脊髄に送られた感覚入力は、局所回路を介して動作を調整しつつ、脳にも伝達されて脚と足の位置感覚を与える。

研究チームが開発した新しい義肢を切断手術患者に適用する準備として、ハーと同僚の外科医たちは切断手術の手順を考え直す必要があった。もともと足首の動きを制御していた膝下の筋肉の残存部と、そこに付着した神経を、手術中に正常な位置に戻すこと。足首を曲げ伸ばしさせる筋肉ペアを腱で接続することによって、主動筋・拮抗筋ペアを対合させること。そのような手順を加えておけば、術後に患者が足首を曲げ伸ばししようと考えたときに、脚の筋肉は主動筋と拮抗筋がペアとして正常なパターンで収縮・弛緩するようになる。すると、筋肉中の電極が筋肉の活動を検知し、そのシグナルをコンピューター制御された人工の足関節に伝達する。足関節はそのシグナルに応答し、無傷だったころの足首の動作を再現する。正常な脚と同じように、装着者の意思で筋肉の動きが駆動される。ただし、動きを直接駆動するのではなく、コンピューターが筋肉のシグナルを人工の足と足首の動きに変換して駆動するのだ。

2015年には、ハーの研究チームは機器のデザイン、コンピューターモデル化、実験的試験など、人生を一変させる可能性のある手術法の準備をすべて終えていて、ユーイングがハーに連絡したときには、ヒトを対象とした臨床試験に進む準備が整っていた。ユーイングはきわめて難しい決断を迫られていた。彼の脚は、事故から丸1年が過ぎても耐えがたい痛みを生み、登山活動に復帰したいという彼の野心はおろか、日常的な活動にも支障をきたしていた。もう、自分の脚の温存は諦めるべきなのか？　担当医は彼に選択肢を与えた。足首を回復させるために努力を続けるか、脚を膝下で切断して義足を使用するか。その決断の難しさを、ユーイングは次のように表現した。「切断は荒療法にすぎると感じたが、もう1つの選択肢では展望が暗すぎる」。ハーは、彼の研究室や他の研究室で開発された義肢の進化について説明するだけでなく、義足で生活している彼自身の経験についても詳しく語った。何度も会話を重ね、相談し、実演を見たことで、ユーイングは脚を切断する決意を固めた。そして、ハーが開発した最新型の義肢――つまり、動かすことも感じることもできる人工の膝下部、足関節、足――を使用するために、新しい術式の手術を受ける最初の人間になることを志願した。

ユーイングは、普段はすでに市販されている義足を装着して、歩き、走り、山に登り、スキーやスキューバダイビングをしている。痛みもなく、以前のような活動的な生活を取り戻している。その一方で、ハーのチームに加わり、脳によって駆動される新しい義足の開発にも携わっている。つい最近、ハーのバイオメカトロニクス研究室を訪れたときに、私はケイマン諸島の岩壁を登るユーイングの映像を見た。他の登山者と同じように、彼も上をじっと見つめたまま、左足で次の足場を探っていた。視覚によるガイドがなくても、彼の人工のつま先は足場を見つけ出し、無傷の右足で次の足場を探っているあいだは、彼の新しい脚が全身の重みを支え、バランスを保っていた。上まで登り切ると、ユーイングは岩壁のてっぺんに座り、眼下の海を眺め、ちょうどいい場所にある岩棚の上に脚を乗せて左足を休ませた。

生体とコンピューターとマシンを連携させる複雑な手術と機器のおかげで、ユーイングの運動性は見事に回復していて、彼は一連の動きを自然に近い動作でやってのけた。「義足はもはや体の一部になっていて、僕はすべての動きを感じることができるんです」と彼は言う。ハーは、今後20年以内に「義肢を装着すれば、生物学的な腕や脚を取り戻したも同然」になると予測している。

そう遠くない未来には、損傷によって身体に障害をうけた人々も再び歩けるようになり、話せるようになり、世界と関われるようになるだろう。ＭＩＴの理事会にそんな未来を垣間見せるために、２０１０年、私はヒュー・ハーを招待し、彼の新しいテクノロジーについて講演してもらうことにした。私たちは学内の小さな講堂に集まった。壇上で私がハーを紹介すると、彼は運動選手のような優美な歩き方で正面に歩み出た。彼が両脚の切断手術を受けたことがあるとは、誰も思いもしなかっただろう。

ハーは話しながら、聴衆を見回した。そして、その部屋にいる人の多くが、テクノロジーの力で人々の生活を一変させた人工装具――眼鏡――を身に着けていることを話題にした。視力の低下は人々を弱らせる障害になりかねないが、私たちは眼鏡をかけている人のことを障害者だとは思っていない。なぜなのか？「それは、視力が低下していても何の支障もなく生活できるような素晴らしいテクノロジーがあるからです」と彼は言った。この例え話は、ハーが義肢というテクノロジーで何を達成したいと願っているのかを見事に表していた。ハーは自分の研究について話しはじめた。話しながらズボンの片方の裾を捲り上げ、次にもう片方の裾も捲り上げた。聴衆のあいだに大きな驚きが広がっていった。彼の両脚が義足であることに、人々はようやく気づいたのだ。この部屋に歩いて入ってきて話しはじめたときのハーの姿を見たあとでは、義足を付けているからという理由だけで彼のことを障害者とみなす人がいるとは、私には思えなかった。彼の義足は、眼鏡と同じように十分に機能している。最先端の義足とコンピューター制御の足首で人々の前に立っていたハーは、講演の最後に、次のように語った。「私たちがある状況を障害と呼ぶのは、現在利用可能なテクノロジーではその状況を十分に克服できないときだけです」「手足を切断した人や身体が麻痺した人を障害者リストの外に連れ出しましょう」

6 食料革命▼地球のすべての人々に食料を

フェノミクスの進展

２０１７年の秋、私は米国ミズーリ州セントルイスの中心街から外れたところにあるダンフォース植物科学センターの前庭にいた。日が暮れて薄暗いなか、小さな窓から７５０平方フィート（約70平方メートル）の「植物栽培ハウス」を覗き込んでいた。窓の向こう側では、まるでアニメーション映画のような光景が繰り広げられていた。明るい照明の下、植物の葉の色が超自然的に鮮やかに見えた。小型もしくは中型サイズの植物１０００株ほどが、きれいに揃ってダンスを踊るように揺れていた。

室内の植物が揺れているのは、１８０メートルのベルトコンベヤーに乗って移動しているからだった。中央ベルトに乗って次々に植物が現れ、ある箇所まで来ると新しいベルトに切り替わって進路変更し、次の箇所で別のベルトの流れに合流し、随所に設けられたステーションに定期的に滞留しながら、室内を巡っていく。各ステーションにはそれぞれ特殊機能が備わっている。植物ごとに個別に調整された量の水を供給するステーションもあれば、同様に肥料を供給するステーションもある。重量を計測して記録するステーションや、さまざまな角度からデジタル写真を撮影して高さ、太さ、葉の数、枝分かれのパターンとサイズなどの特徴を記録するステーション、近赤外写真を撮影して水分含有量を記録するステーションもある。植物はダンスを踊るように揺れながらステーションを周回し、やがて中央ベルトの所定の位置に戻され、翌日にまた同じプロセスが開始されるまで待機することになる。室内の照明、温度、湿度は精密に設定され、注意深く管理されている。おかげで、この部屋の責任者である科学者たちは、（ストレス試験として）室温をかなり高温まで上昇させたり、（光合成の能力、日陰への適応、その他の試験のために）照明の波長分布と光度を操作したりできる。

私はその奇妙な光景にすっかり心を奪われ、数分間、じっと見ていた。だがこれは、私を喜ばすための見世物ではない。この部屋の植物たちは、何週間もずっと踊り続けている。そのプロセス全体を考案したのは、ダンフォースセンター内のベルウェザー財団フェノタイピング施設の研究者たちだ。植物は1株ずつ注意深くモニタリングされている。植物ごとに無線自動識別（RFID）チップとバーコードモニターが搭載されているため、この研究施設では、人間が介在することなく、すべての画像、詳細な計測値、個別に調整された給肥量と給水量が正確に記録され、その植物の属性として――その植物の一生にわたって――紐づけられる。この研究では、植物の遺伝学的素質と環境の相互作用によって形質と特性――すなわち、表現型《フェノタイプ》――が時間経過とともにどのように生み出されていくのかを理解するために、生物学と工学を組み合わせた実効性のある新しい手法が用いられている。

この取り組みは実に大がかりだ。ダンフォースセンターの科学者たちは、対象となる植物の遺伝学的データと表現型データの両方を、大規模なコンピューター解析に適した形式で収集する。つまり、各植物の主要な遺伝学的特性と表現型の特性をすべて数値に変換し、その数値から、植物の形質がどのように構築されるのかを示す見取り図を導き出そうというのだ。ある生物の遺伝子(gene)情報の全体を網羅的に扱う研究のことを「ゲノミクス(genomics)」というのと同じように、ある生物の身体的特徴など、表現型(phenotype)情報の全体を網羅的に扱う研究のことを「フェノミクス(phenomics)」という。

植物栽培ハウス内を通過していくすべての植物から収集されるデータの量は、気が遠くなるほど膨大だ。植物の発生と機能を司る遺伝子の数は数万個に及ぶうえに、多くの遺伝子にはわずかに異なる変異体が存在し、その組み合わせは何通りもあってかなりの数に膨れ上がる可能性があるため、表現型の組み合わせはほぼ無限に生み出されることになる。植物とその生長に関する情報に限らずとも、これだけの量と質の情報が収集された例は今までなかった。ダンフォースセンターのような施設で研究している新しい世代の植物学研究者のおかげで、私たちは植物が時間の経過とともに遺伝子を発現していく複雑な仕組みについて、かつてなかったほど鮮明に全体像を捉えつつある。そして、ビッグデータの到来とコンピューター解析の高性能化のおかげで、私たちは表現型を研究し、操作し、記録する方法——作物の収穫量を劇的に向上させるような植物の変異株を遺伝子操作で生み出せるようにする方法——を急速に習得しつつある。

生物学と工学のこのような集約は、前章までの例とは異なっている。前章までの例では、科学者と技術者が生物そのものや生物学的メカニズムを活用してさまざまな技術的課題を解決していた。本章では、データ収集とコンピューター技術ツールの活用によって、複雑な生物学的特性に関する洞察が得られるようになった例を見ていく。新たな特性をもつ植物や新たな作物の開発に向け、このような工学的ツールは、植物の身体的特徴や、そのような特徴が時間の経過とともにどのように発現し変化していくのかについて、新たなレベルでの理解を与えてくれる。そうした情報が得られれば、私たちにとって望ましい特徴をもつ植物を、今よりも遥かに正確に効率よく選別できるようになる。今回の集約も、前章までの他の例と同じくらい、あらゆる点で革命的だ。農業と食料生産をまったく新しいアプローチで眺められるようになったのだ。現在、私たちの生活はどんどん豊かになり、世界人口は増え続け、２０５０年までに95億人に達すると推定されている。それだけの人口を食べさせていかなければならないのだ。新たなアプローチは、差し迫った食料需要を満たす助けになってくれるだろう。

作物の生産性をさらに高める

今後、食料需要は膨大な量に達するだろう。その需要を満たすには、世界の作物生産量を現在のほぼ2倍に増やさなければならない。そのためには、農地を2倍に増やすしかないのか？　いや、技術革新によって既存の農地の生産性を高められないものか？　これはなかなか手ごわい難題だ——しかし、人類は以前にもこの難題を乗り越えたことがある。実は、過去100年間に、私たちはトウモロコシの生産量を倍増させたことが1度ならず、4度あった。輪作による農地管理の改善、天然肥料と合成肥料の利便性の向上、選別と遺伝子操作による作物の遺伝的特徴の改善、農業の機械化による効率改善によるものだった。

私たちはずいぶん昔からさまざまな技術を駆使して食料の生産性を向上させてきた。発掘で得られた考古学的証拠によれば、人類が食用作物を人為的に操作しはじめたのは、1万年以上前の「肥沃な三日月地帯」でのことだった。私たち人類の初期の先祖は、野生の植物から種を集めて植えつけた。それから注意深く観察し、最も実りの多い変異株を選別して繁殖させることにより、生産性を向上させた。彼らは遺伝子について何も知らなかったが、やっていたことは遺伝子操作にほかならない。

遺伝学は近代科学である。「遺伝子（gene）」という言葉が最初に用いられたのは1905年のことで、デンマークの植物学者ウィルヘルム・ヨハンセンが、観察可能な身体的特徴の決定に関与する個々の遺伝性要素を言い表す語として用いた。同じくデンマークの植物学者だったユーゴー・

ド・フリースが20年前に用いた「パンゲン（pangene）」という造語から派生させたらしい。しかし、そのような遺伝性要素の存在が実際に最初に提唱されたのはもっと前のことで、提唱者は近代遺伝学の祖として一般に認められているアウグスティノ修道士グレゴール・メンデルだった。

ブルノ（現チェコ共和国の都市）にある聖トマス教会のアウグスティノ大修道院でひっそりと生活していたメンデルは、1856年から1863年までの間に数千株のエンドウを交配させ、1つの世代から次の世代へ受け継がれる特徴（形質）は予測可能な数学的法則に従って分配されることを発見した。そして、そのような法則は植物の身体的特徴の遺伝を司る個々の遺伝性要素の存在によって説明がつくことを提示し、そのような要素のことを「因子《ファクター》」と呼んだ。メンデルが見つけたこれらの法則は、現在では「メンデルの遺伝法則」として知られており、近代遺伝学の基礎となった。

メンデルはこの驚くべき結論を1865年に発表した。そのなかでも特に重要だったのが、植物の任意の身体的な形質——たとえば豆の色——は両親から1つずつ受け継がれる2つの遺伝子（と私たちが現在呼んでいるもの）の発現によって決定されるというものだ。この対をなす2つの遺伝子は形質の発現に対する貢献度が異なり、一方のほうが形質に現れやすく（顕性）、他方のほうが現れにくい（潜性）。エンドウの豆の色に関わる遺伝子の場合、黄色のほうが緑色よりも現れやすい。両親から受け継いだ遺伝子が2つとも黄色の遺伝子であれば、豆は黄色になる。受け継いだ遺伝子が2つとも緑色の遺伝子であれば、豆は緑色になる。では、黄色の遺伝子と緑色の遺伝子を1つずつ受け継いだ場合はどうなるのかといえば、黄色の遺伝子ほうが顕性遺伝子なので、豆は黄色になる。この遺伝の法則の根底にある「因子」について説明するとき、メンデルはそれが物質的にどのような形態のものなのか、まったく理解していなかったわけだが、それはヨハンセンも同じだった。ヨハンセンが「遺伝子」という語を初めて使用したとき、彼もメンデルと同じく、その振る舞いについては説明していたが、物理的構造には触れていなかった。遺伝子の実体であるＤＮＡの構造が発見され、生物の形質を決定する際にＤＮＡが担う役割が説明されたのは、それから約50年後のことだ。

これは科学の進展の仕方としては典型的なパターンであり、本書でも同様のパターンがいたるところに登場する。ある現象に対する鋭い観察から始まり、その後の探索を経て、その現象を引き起こしている物理的要素の発見に至る。19世紀半ばにマイケル・ファラデーが電磁力について記述し、それから何年も経ってから、１８９７年にＪ・Ｊ・トムソンが電磁力を生じさせる粒子として電子を発見した。同様に、水の細胞膜通過に関する動力学について最初に詳しく記述されたのは20世紀前半のことで、水分子が細胞膜を通過する際に物理的水路となる水チャネルタンパク質をピーター・アグレが発見するだいぶ前のことだった。

メンデルの発見は、彼の存命中には十分に理解されず、ほとんど忘れ去られていた。しかし、20世紀初頭に複数の研究者によって再発見され、再現されたあと、ヨハンセンの提案を受けて、メンデルの「因子」は遺伝子と呼ばれるようになった。メンデルの法則と遺伝学という新しい研究分野

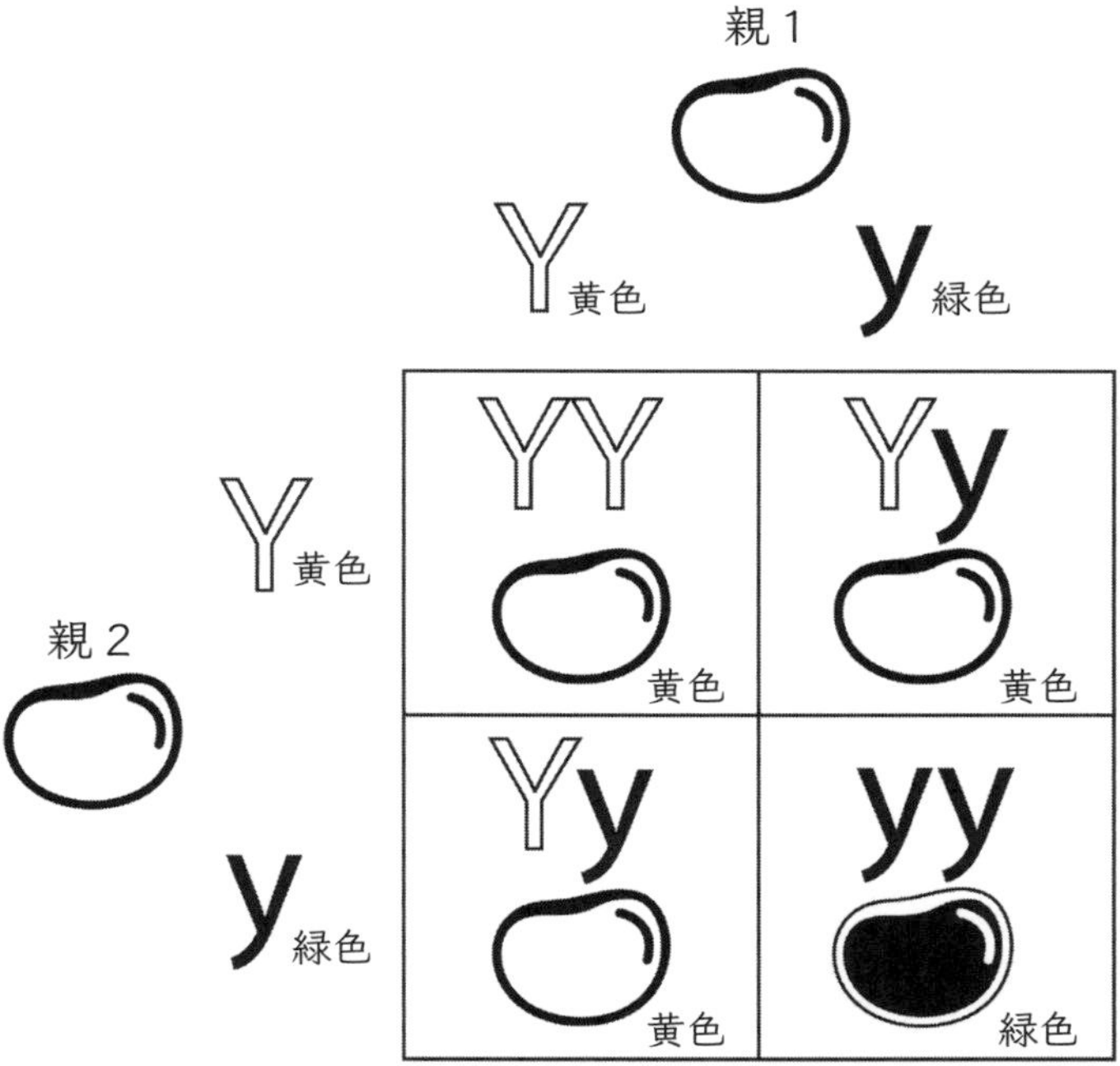

標準的な遺伝子の交配を表す「パネットの方形」。エンドウの場合、豆の色の遺伝子は黄色（Y）のほうが緑色（y）よりも顕性である。２つの黄色の遺伝子を受け継いだ場合（YY）と、黄色の遺伝子と緑色の遺伝子を１つずつ受け継いだ場合（Yy、ヘテロ接合体）に豆の色は黄色になる。Yy の親同士を交配させると、顕性の黄色（Y）遺伝子を１つまたは２つ受け継いだ子の豆は黄色になる。つまり、黄色（Y）遺伝子を２つ受け継いだ子（YY、ホモ接合体）の豆も、黄色（Y）遺伝子を１つと緑色（y）遺伝子を１つ受け継いだ子（Yy、ヘテロ接合体）の豆も黄色になる。豆が緑色になるのは、潜性の緑色（y）遺伝子を２つ受け継いだ子（yy、ホモ接合体）のみである。

に導かれ、農学者たちは植物の品種改良法について新しい考え方をするようになった。

その一方で、DNAの分子構造も他の研究者たちによって段階的に探り出されていった。1869年、スイスの生物学者フリードリッヒ・ミーシャーが血液細胞の細胞核から「ヌクレイン」と呼ばれる物質を単離したのが発端だった。ミーシャーは本人も知らないうちに、遺伝の物理的実体を単離して名前を付けていたのだ。しかし、それから何十年もの間、ヌクレインが遺伝情報を運ぶ媒体である可能性について考えた科学者はほとんどいなかった。なぜなら、ヌクレインの構造はあまりにも反復が多くて退屈だったからだ。観察対象とされてきた表現型は多様性に富んでいたため、そのような表現型を生む物理的実体も同じくらい多様性に富んでいるに違いないと推測されていた。そのせいで、ヌクレインと遺伝との関連はすっかり見過ごされていた。

遺伝物質の探索は、1953年にジェイムズ・ワトソンとフランシス・クリックがDNAの分子構造モデルとして二重らせん構造を提唱した有名な論文を発表するまで続いた。第2章で見たとおり、彼らが報告した二重らせん構造は、ねじれた梯子のような構造で、リン酸基と糖からなる並行な2本の鎖を、塩基対が横木のように繋いでいる。グアニン（G）、シトシン（C）、アデニン（A）、チミン（T）という4種類の塩基が常に同じ組み合わせ（GとC、AとT）で塩基対を形成し、そうすることでDNAの正確な複製を仲介している。

DNAの構造が明らかにされたことで、分子生物学という分野は本領を発揮するようになった。その基本構造を理解した生物学者たちは間もなく、遺伝情報がまずはDNAからRNA（1本鎖D

NAによく似た構造をもつ）へ転写され、次に、RNAからタンパク質へ翻訳されることを見出した。その後、そうやって産生されたタンパク質に誘導されて細胞が集合し、組織を形成し、組織や生物全体に多くの特徴が生じることになる。

これは、科学と農業の歴史においてきわめて重要な瞬間となった。ワトソンとクリックによる発見のあと、分子生物学者は遺伝学から得られた新たな理解に基づき、作物の栽培に対してまったく新しいアプローチを思い描くようになった。1983年には、DNAを植物細胞に導入する手法が確立され、遺伝子操作によって害虫に耐性をもつタバコも誕生した。こうして、あらゆる可能性が開けた。植物に遺伝子を追加することによって、栄養を高めることも、生育に必要な水の量を減らすことも、病気にかかりにくくすることもできる可能性がある。

その後の数十年間、植物遺伝学者と農学者はトウモロコシ、小麦、米などの作物で収穫量の高い品種を開発してきた。こうした変革――さらに効果のより高い肥料、灌漑システム、輪作技術、農耕の機械化による高効率化――によって、作物の生産性は急上昇した。たとえば、1860年代から1930年代後半まで、米国のトウモロコシ生産量は1エーカー（約4000平方メートル）あたり30ブッシェル（約1000リットル）ほどで停滞していたが、現在では1エーカーあたり150ブッシェルを常に上回っている。そのような飛躍のおかげで、20世紀後半には、それまで栄養不足に苦しんでいた世界中の大勢の人々や動物に、安価で安全で信頼性の高い食料を供給できるようになった。

この変革によって農業生産高は急拡大を遂げたにもかかわらず、依然として世界中で約8億人が食料不足に苦しみながら生活しており、5歳未満で餓死する小児の数は毎年300万人を超えている。植物科学者は作物の生産性向上につながる遺伝子操作法を探索し続けており、彼らの努力は目覚ましい結果を生みつつある。そうした素晴らしい成果と天然植物の変異株で発現される自然界の独創性の力を組み合わせれば、作物の生産性をより一層高めることも期待できる。この「グリーン革命」の立案者のなかでもとくに重要な人物であるノーマン・ボーローグは、2002年の時点で、今後予想される人口増加に対処すべく作物の生産性向上を加速させるためには「従来の品種改良法とバイオテクノロジーによる手法の両方」が必要になるだろうと指摘している。

遺伝子組み換え作物の可能性

1994年、食品医薬品局（FDA）は初めて、遺伝子組み換え作物の販売を承認した。「フレーバーセーバー（FlavrSavr）」トマトである。トマトに含まれるペクチンという成分を分解する酵素の産生は、綿密に制御されているが、その酵素の産生を抑制する遺伝子を遺伝子組み換えによって挿入されたフレーバーセーバートマトは、従来のトマトよりもゆっくりと成熟する。この遺伝子が所定の位置に挿入されたことで、フレーバーセーバートマトは蔓付きのまま成熟状態をより長く保てるようになり、従来よりもダメージが少なく、味わいの良い状態で、小売店の棚に並べることができるようになった。フレーバーセーバーは市場で成功を収めることはできなかったが、植物の遺伝子を直接操作して作物を改良できることと、そのような遺伝子組み換え作物の健康リスクをFDAで評価できることを実証してみせた。

現在、米国で栽培されているトウモロコシ、綿、大豆の大多数は、害虫耐性と除草剤耐性をもたせるために遺伝子が組み換えられている。全米科学アカデミーの最近の報告によれば、そうした遺伝子組み換えによって多くの利益がもたらされている。たとえば、遺伝子組み換え作物の栽培では殺虫剤や除草剤の使用量を減らすことができる。また、遺伝子組み換えをしていない作物でも、組換え作物の近隣で栽培すると殺虫剤と除草剤の使用量を減らすことができる。

分子生物学と遺伝学のおかげで、私たちは植物の体内で特定のタンパク質——たとえば、植物を害虫やウイルス性の病気から保護できるタンパク質や、干ばつや霜に対する耐性をもたせるタンパク質——をコードしている遺伝子を特定できるようになった。同様に、私たちはヒトの疾患の原因となる遺伝子変異もいくつか特定してきた。おかげで有効な治療法となりうる薬をデザインすることができ、事例は少ないものの完治させることさえできるようになった。しかし、形質や疾患の大半はたった1つの遺伝子、たった1つのタンパク質によって生み出されるわけではない。形質や疾患の遺伝学的基礎はもっと遥かに複雑だ。その複雑性を解析するには、生物学と工学をまた別の形で集約させる必要がある。最先端のバイオテクノロジーと最先端のコンピューターの力を駆使するのだ。

その良い例が、ヒトゲノムの解読だ。この作業はほんの30年前にはほぼ不可能なほど難しいと思われていたが、ＤＮＡ塩基配列の決定に必要なテクノロジーが驚きの速さで進歩し、コンピューターも同じくらい急速に進化したことで、可能になった。「ヒトゲノムプロジェクト」で得られた情報がベースラインとして活用され、疾患や疾患に抵抗力をもつ遺伝学的要因を特定するために、現在、世界中で研究が進められている。このような探索的研究では、数万件の個人ゲノムの比較が必要になることが多い。たとえば、自閉症や統合失調症にかかりやすくなる原因になりうる遺伝子を発見するプロジェクトであれば、6万人以上のゲノムを調査し、生物学者と協力して開発された先進的なバイオインフォマティクス――コンピューター工学――を頼ることになる。

植物の有益な特徴を生む鍵となる遺伝子を発見する目的でも、同様の探索的研究が進められている。生物学者と工学者が協力し、単一の遺伝子を操作することによって、水と肥料と殺虫剤の必要量が少なく、収穫量の多い作物を生み出す研究で大きな進歩を遂げている。たとえば、トウモロコシなどの遺伝子組み換え作物には、土壌中に生息するバチルス・チューリンゲンシス（Bacillus thuringiensis：Bt）という細菌によって作られる内毒素タンパク質の産生に必要な遺伝子が組み込まれている。「天然の殺虫剤」とも呼ばれるこのBtタンパク質の調合液は有機農家でもよく使用されていて、作物にスプレーすると殺虫剤として機能し、作物を傷める特定の害虫被害を予防するが、他の昆虫や動物や人体には悪影響を及ぼさない。Bt内毒素の遺伝子を発現するように遺伝子操作されたトウモロコシなどの作物は、アワノメイガやネキリムシの幼虫などの害虫に耐性を示すようになる。綿や大豆でも、Btが組み込まれた遺伝子組み換え作物が広く栽培されており、殺虫剤の使用が軽減されている。最近の解析では、さらなる恩恵も見つかっている。Btを組み入れていない作物でも、Btを組み入れた作物の近隣で栽培すると殺虫剤の必要量が少なくなるのだ。おそらく、Btを組み入れた作物を栽培することで、その周辺の害虫の生存数が減少するからだろう。

遺伝子組み換えが広く普及しているもう1つの例が、非常に有効な除草剤であるグリホサートに対する耐性をもたせた植物だ。ラウンドアップという商品名でも知られるグリホサートは、植物のタンパク質産生に必要不可欠なアミノ酸の産生を効果的に遮断する（昆虫、鳥、哺乳類、その他の動物のアミノ酸産生には影響しない）。そのため、この除草剤に接触した植物はすぐに枯れる。たとえば、除草剤耐性トウモロコシ（HTトウモロコシ）の畑にグリホサートを用いれば、トウモロコシを傷つけることなく雑草の繁殖を抑えることができるわけだ。このような方法で雑草を防除すれば、土壌を耕す作業の必要性を減らすことができる。これは表土の損失を減らすうえで重要なことだ。HT作物の栽培が広く普及したことで、除草剤の使用量は減少している。グリホサートの安全性に関する懸念は残るが、全米科学アカデミーによる最近のレビューによれば、適切に使用すれば有害作用はみられないとのことだ。

農業分野では、植物の栄養価を向上させる新戦略にも進展があった。植物科学者たちは稲のゲノムにビタミンAの合成量を増加させる2つの遺伝子を追加することで、ゴールデンライスとして知られる変異株を生み出し、米の栄養価を大幅に高めた。この変革は、ビタミンA不足によって年間50万人以上の小児が死亡する発展途上国で多くの命を救える可能性がある。ゴールデンライスの安全性と恩恵については多くの研究で実証されているにもかかわらず、その使用は遺伝子組み換え作物に関する根拠のない懸念によって妨げられている。そのような懸念は、ゴールデンライスが栽培される可能性のある国――おそらく栽培に向いている国――と先進国で提起されている。科学的研究と議論が重ねられたすえに、2018年、オーストラリアとニュージーランドはゴールデンライスを承認したが、バングラデシュやフィリピンのように、人々の命を救うこの穀物の恩恵が最も大きいであろう国では、まだ承認されていない。

安全性と経済的影響に関する懸念が、遺伝子組み換え作物の普及を遅らせている。そのような懸念は、ある程度までは妥当だと言える。結局のところ誰だって、自分が作り出した作物に実は取り返しのつかない有害作用があったと事後に判明するような事態は望んでいないのだから。しかし、2016年の全米科学アカデミーの調査では、遺伝子組み換え作物そのものが害をなす度合は制御されており、抑制できることが示された。その調査によれば、全米科学アカデミーが設けたガイドラインに従い責任をもって栽培された遺伝子組み換え作物は安全である。つまり、現在すでに、発展途上国に普及させれば人々の命を救える可能性のある作物がたくさん存在しているということだ。一方で、そのような作物には、タピオカの原料になるキャッサバのように経済的見返りがあまりに少なく、規制当局の承認を得るための複雑な手順を完遂するのに必要な投資を賄えない作物もある。

高速フェノタイピング

この数十年間、私たちは遺伝子を1つずつ明らかにしながら多くの進展を遂げてきたが、干ばつ耐性や穀物の粒の大きさなど、農業の生産性に影響する複雑な形質に関わる重要な遺伝子や遺伝子相互作用の特定には、まだ多くの課題が残されている。幸いにも、膨大な数の植物変異株の表現型をスクリーニングできる新しいテクノロジーのおかげで、さまざまな解析法が使用できるようになってきた。ダンフォースセンターでも、他の同じような施設でも、そのような解析法が活用されている。最先端の画像技術とコンピューター技術を用いて何百、いや何千もの植物の身体的特徴が記録され、解析され、比較されている。このプロセスは「高速フェノタイピング」として知られ、研究室レベルの環境で開発されてきたが、現在は、農作物への応用に欠かせない重要な試験である「現場実験」に向けた開発が進められている。

遺伝子組み換えや従来の品質改良によって望ましい特性を発現する植物を生み出すことは、いまだにきわめて難しい挑戦だ。植物の遺伝子組み換えは、現行の手法と同じくらい有用で生産性も高いが、複雑な形質の決め手となる遺伝子を特定する難しさが、食料生産性を本質的に高める作物を生み出すうえで足かせとなってきた。そこで、農業の生産性をより大幅に、より急速に高めるために、近年私たちはまったく異なる解析法を導入した。数百、数千もの植物変異株をスクリーニングし、望ましい形質をもつわずかな変異株を見つけ出す、最新の工学技術を用いた解析法だ。

実際のところ私たちは、より生産性の高い植物変異株を選別して繁殖させるために農家の人々が行ってきた比較的初期の農業手法に回帰している。ただし、今必要とされているのは、選別の候補となる大量の植物をモニタリングし、個々の遺伝子を発現しているかどうかだけでなく、時間の経過に応じて望ましい身体的特徴をフルセットで発現するかどうか――つまり、表現型――に基づいて選別できる手法だ。

こうした難しさは、線虫（作物に破壊的な被害を及ぼす害虫）への耐性など、前途有望な形質を野生種に組み込むときに格段に跳ね上がる。たとえば、米国で盛んに栽培されている生産性の高い変異株と交配させる場合、線虫耐性をもたせたければ、中国原産の野生大豆と交配させるとうまくいく可能性がある。この2つの遺伝子型の組み合わせで、4万種類に近いさまざまな遺伝子が混合され、気が遠くなるほど多くの表現型が生み出されるが、そのうち最適な形質をもつのはほんのわずかだ。大規模なコンピューター処理によってフェノタイピングを自動化すれば、文字どおり、「干し草の山から針」を見つけ出せる可能性がある。しかし、それは始まりにすぎない。品質の安定した信頼できる作物の種《たね》を農家が畑に植え付けられるようになるまでには、何世代にもわたる品種の交配と選別が必要になる。そして、それこそがテクノロジーの集約が役立つポイントだ。テクノロジーを集約させれば、品種の交配から新品種の収穫までの時間を――災害などからの復活力がより強く、生産性がより高い品種の作物を収穫できるまでの時間を――大幅に短縮できる。

こうした新しい手法には、最先端のテクノロジーが活用されている。まず、植物の身体的特徴を記録するために画像を用いた植物のフェノタイピング法。次に、そうした画像技術の規模を拡張して数百から数千もの植物を選別できるようにした高速フェノタイピング。高速フェノタイピングの手法は、ダンフォースセンター内のベルウェザー財団フェノタイピング施設など、研究室レベルの環境で開発されてきたが、現在は現場実験に向けた開発が進められている。いくつもの形質の組み合わせである表現型は、植物のライフサイクル全体を通して経時的に表に現れるため、用いられる工学技術も、1つの植物がもつ複数の形質を繰り返し測定し、そうした測定値の蓄積から植物の表現型全体を正しく構築できるようでなければならない。それができてはじめて、他の植物の表現型と比較できるようになるのだ。

ゲノム（全遺伝情報）を網羅的に研究するゲノミクスとは異なり、全表現型を網羅的に研究するフェノミクスで収集されるデータは、非線形的であり、時間と空間の両方をまたいでさまざまに展開する。それはつまり、より甘いトウモロコシを探索するにも、干ばつに強い小麦を探索するにも、植物のライフサイクル全体をモニタリングし、あらゆる種類の疑問について調査し、植物の表現型全体をあますところなく評価してからでなければ、生存能力と生産性の最も高い変異株を、確信をもって選ぶことはできないということだ。降雨量が多すぎる場合や少なすぎる場合に、その植物はどのような反応を示すのか？　肥料の量を増やした場合にも、減らした場合にも、健康に育つのか？　どれくらいの収穫量が見込めるのか？　収穫される作物の栄養価は？　どんな見た目や味わいになるのか？

つい最近まで、こうした情報の収集や研究には制約が伴った。20世紀を代表する偉大なトウモロコシ遺伝学者バーバラ・マクリントックは、それを自分の手と足を使って地道にやり遂げたことで有名だ。彼女自身の手でトウモロコシを交配させ、トウモロコシ畑を歩き回り、葉の手触りを確認し、生長中のトウモロコシの穂の大きさと色を記録し、その後の結実パターンを記録した。

現在では、こうした作業の一部にドローンや衛星画像が活用されている。数百エーカーに及ぶ広大な畑の作物を定期的にモニタリングしたり、とくに関心のあるエリアや心配なエリアを重点的に見回らせて作物の状態を記録したり、場合によっては、高度な機能を搭載した専用カメラで光合成のための光吸収量や必要とされる給水量も測定できる。だが、そのようなデータ収集にも限界がある。今もなお、現在のテクノロジーの限界を押し広げながら、畑の植物を1株ずつモニタリングしているところだ。個々の植物の生長過程全体を追跡するのはとりわけ難しい。個々の植物に注目する高速フェノタイピングの過程は実のところ、大規模ゲノムデータを用いて作物を品種改良するプロセス全体の律速段階〔複数の段階を経るプロセスにおいて、速度が最も遅く、全体の速度を左右するような段階〕になっている。

もう少しわかりやすく説明しよう。遠縁にあたる2つの植物変異株を交配させて、より少ない水量で繁殖できる新種を得られるかどうかを試す実験を想像してみてほしい。この実験は、グレゴール・メンデルによるエンドウの交配実験にも少し似ているが、重大な違いがある。メンデルはきわめて近い系統同士を交配させたため、子に現れる結果の振れ幅は限られていたが、そのように交配結果の範囲が限られる場合でさえ、数百もの植物を調べる必要があった。

私たちの実験では、親植物がもつ遺伝情報をより幅広く扱うため、子植物に現れる表現型もより幅広くなる——そして、そのなかに干ばつにより強い品種が含まれていることを私たちは願うわけだ。この実験の難しいところは、開始時点ではどの遺伝子が干ばつ耐性に寄与しているのかわからず、そのような遺伝子がいくつ存在するかもわからない点だ。親植物に関するこれまでの解析によってどうにか予測したとしても、私たちが探し求めている形質をもつようになるのは、せいぜい子植物の1パーセントほどだろう。そうこうするうちに私たちは、植物の一生のうちの異なるタイミングで水不足に見舞われた場合の影響を調べたくなるかもしれない。トマトや大豆など、食用作物に興味をもったなら、その植物の発芽から実りまでを追跡したくなるだろう。子孫のわずか1パーセントほどにしか現れないような珍しい効果を見つけ出すには、おそらく、成長期全体を通して数百の植物を複数回調査する必要がある。給水、照明、温度感受性などの変量まで含めれば、数千もの植物をモニタリングしなければならない。単純なように思える実験も、あっという間におそろしく複雑になる。

最近まで私たちは、そのような実験をするにはバーバラ・マクリントックがしたような方法しかやりようがなかった——毎日、本人が実際に植物1株1株の生長具合を目で見てモニタリングするしかなかったのだ。しかし現在では、観察技術がどんどん発達し、テクノロジーのおかげで、植物ごとの表現型に基づいて以前よりも遥かに迅速に効率よく植物のモニタリングと選別ができるようになってきている。その様子を自分の目で確認するために、私はダンフォース植物科学センターを訪れることにした。そしてそこで、本章の冒頭で描写した「植物栽培ハウス」の目を見張るような光景に遭遇することになる。

私は2017年秋の早朝に出立した。飛行機が雲の下に抜けてセントルイスに接近するなか、窓の外を見ると、世界でも有数の豊かな農地が視界に飛び込んできた。米国中央部に位置する平原に、多種多様な緑の陰を連ねた畑がどこまでも広がり、その間を縫うように車道と線路が走り、所々に小さな町や都市が点在していた。大海原のように広大な平原の真ん中に、巨大な島のように大都市セントルイスが見えた。

農業はこの地域の経済において重要な役割を果たしている。セントルイスとその近郊には、米国でトップクラスの食品会社の本社がいくつも置かれており、ついでに言えば、ワシントン大学やミズーリ大学など、農業の専門家を多く抱える大学や研究センターも集まっている。ダンフォースセンターの創設者がこの地を選んだのは、「植物科学を通して人類のおかれた状況を改善する」という同センターの理念の実現へ向けて、あらゆる種類の相乗効果を最大化するためだ。

ダンフォースセンターを訪れた私は、同センターの著名な研究員の1人であるエリザベス・ケロッグ博士に出迎えられた。彼女は驚くほど幅広い関心と見識を備えた植物生物学者だ。2014年に同センターの一員に加わったが、ワシントン大学とミズーリ大学セントルイス校にも籍を置いている。ケロッグ博士はそのキャリアをシリアルの原料となる穀物やイネ科の類縁種の研究に捧げてきた。穀物は、農業の歴史をさかのぼれる限りさかのぼった大昔から人類の栄養と文明を支えてきた。

ケロッグは敷地内を手早く案内してくれた。私はミズーリ平原の在来植物に心惹かれた。自然のまま穏やかに生えている草木や樹木は秋を迎えて黄金色に変わっていた。大草原の植物は地元の種から育ったもので、この土地原産の植生をそのまま現しており、欧州人が渡ってくる以前からミズーリ州の一部を覆っていた森と入り混じっていた。ダンフォースセンターのプロジェクトについて説明するとき、ケロッグは喜びを隠しきれない様子だった。そのプロジェクトとは、最近開発された標準的な造園用の植物を、その土地の生態学的歴史を反映した植物に置き換えるというものだった。少し離れた場所に植物栽培ハウスが小さな集落のように建ち、その背後には牧草地と未開発の草地が広がり、遠くに農企業数社の本社が見えた。

本館に足を踏み入れた私は、その開放的な造りに感銘を受けた。建物の入り口から奥まで見通しがきき、その先に植物栽培ハウスはもちろん、その向こうに広がる草原まで見渡すことができた。屋外もそうだったが、社屋内のレイアウトも、私が思い描く一般的な企業本社ビルのイメージとはかけ離れていた。発見や創出に対するアプローチの違いがレイアウトにも反映されているらしいことに、私はゆっくりと気づかされた。入り口から遠くまで見通しがきくだけではない。食事や集会に利用される広々とした集合スペースにも直接開かれた構造になっていた。ケロッグの説明によれば、ダンフォースセンターが掲げる組織論では、この建物内の科学者、研究生、技師で協力し合うだけでなく、近隣の研究センター、大学、農企業とも協力し合うことを重視している。ケロッグだけでなく、ダンフォースセンターで働く科学者の多くが近隣の大学にも籍を置き、産業界のパートナーとも積極的につながりを構築している。私が訪問中に紹介されたプロジェクト、案内された施設、説明された遠大な目標は、いずれもすべて、グループでの取り組みとして語られた。ダンフォースセンターは協力の精神によって突き動かされているのだ。

見学ツアーの最後に、ケロッグは私をセンター長のジム・カーリントン博士にひき合わせた。会議室にはカーリントンのほかに10人ほどの研究者が集まっていて、彼らは自分たちの研究について私に話してくれた。著名な植物分子生物学者であるカーリントンは、きわめて厳密に話す。文書ならまだしも、口頭でそこまで厳密に話せる人はそうそういないだろう。また、彼は複雑なアイデアも噛み砕いて話すことができる。重要なポイントを押さえつつ、基礎を大枠でとらえて説明する能力をもち合わせているのだ。

カーリントンから食料生産性を急速に向上させるにあたっての課題についてひとしきり話を聞いたあと、私たちはその問題について議論した。「仮に、２０５０年に予想される世界の食料需要を現在の手法とテクノロジーで賄おうと思ったら、少なくともアフリカ大陸と南アメリカ大陸を合わせた面積ほどの農地が新たに必要になります」と彼は言った。だが、そんな選択肢はあり得ない。そこで、彼の研究チームでは世界中の人々に食料を供給できる持続可能な新しい道を模索している。ダンフォースセンターにある多くの共有施設を活用し、環境への負荷を増大させることなく米国および世界中の作物生産性を向上させるためのテクノロジーと戦略を開発しようとしているのだ。多角的かつ学際的な取り組みだが、すべては説得力のある1つのアイデアに裏打ちされているのだとカーリントンは言う。そのアイデアとは、将来のためにより良い作物を生み出す助けとするために、植物の内に今すでに存在する天然の遺伝子変異を探索するというものだ。自然界の独創性から学ぶべきことはたくさんある、とカーリントンは感じている。植物の遺伝学的な複雑さは可能性の宝庫であり、遺伝子操作と狙い定めた品種改良を駆使すれば、私たちはその宝庫からより良い植物変異株を引き出すことができる。ただし、それを迅速に実行するには、多くの植物の一生を試験できる選別プロセスを採用する必要がある。

話し終えたカーリントンは、部屋に集まっている科学者たちを見回した。彼らは先ほど、植物変異株を評価するために各々が進めているプロジェクトについて駆け足で私に紹介してくれたが、プロジェクトの内容は実にさまざまだった。ある科学者は、RNAを用いて植物の遺伝子発現を阻害する手法の可能性について説明してくれた。魅力的なアイデアだ。何らかの形質（たとえばBtなどの害虫を死滅させる毒性）を発現する遺伝子を追加するのではなく、阻害性RNAを配して特定の遺伝子のスイッチをオフに切り替えることで、望ましい形質を表現させることができるかもしれないという話だった。別の科学者は、植物の根系の生長を画像化して測定するために、自動車産業や航空機産業で金属疲労の検知に用いられるX線技術を活用するという。食用部が地下で育つ作物（たとえばキャッサバやジャガイモなどの根菜や塊茎作物）の場合には、これがきわめて重要になる。また、大豆やエンドウのように根粒菌と共生して窒素を蓄積する植物は、土壌中から窒素成分を補充できる。

クローバーのように窒素固定ができる植物を組み入れた輪作が重要なのもそのためだ。現在、窒素需要の大部分は肥料中に含まれる外来の窒素で賄われているが、根系画像テクノロジーを用いて窒素固定のプロセスをより深く理解できれば、植物がもつ窒素固定能を増強できるかもしれない。そうなれば、農家は窒素肥料の需要を減らせるだろう。

会議室を後にした私は、ダンフォースの科学者であるベッキー・バートとナイジェル・テイラーに連れられ、ダンフォースセンター内にある特別施設をいくつか見て回った。フェノタイピング、顕微鏡、バイオインフォマティクス、プロテオミクス、質量分析、植物組織培養に特化した施設だ。特別研究室をいくつか覗き込んだあと、43の実験ステーションと大小さまざまな84の植物栽培室からなる複合施設「植物栽培ハウス」のほんの一部を見学した。

そして私は、植物栽培ハウスであの忘れがたい光景を——ベルトコンベアに乗って複雑な経路を巡りながら一定のリズムで揺れ動き続ける植物たちを——目にした。バートとテイラーの説明によれば、植物栽培ハウスの最大の特徴は、コンピューター管理によって植物を1株ずつ個別に操作できる点にある。おかげで幅広い実験を行うことができるし、複数の実験を同時進行させることもできる。6週間継続可能な1回の実験で、1種類の植物の複数の異なる変異株を同一条件下で試験することもできるし、給水条件や給肥条件をさまざまに変えて1つの植物変異株の反応を試験することもできる。そうしたパラダイムを実験の目的に合うようにさまざまに組み合わせることもできる。たとえば、十分に特徴づけされた遺伝子型の異なる数株の植物に対して、1回の実験期間で5

通りの干ばつ条件を試し、最も優れた表現型を生み出す遺伝子型を決定することもできる。どの遺伝子型が最も優れているのかという問題は現在の植物開発における主要テーマであり、そのような実験をより速く実施できるようになれば、農業の生産性をより急速に向上させることができる。干ばつの問題はこの先何年も、農業において最も深刻な課題になる可能性があることから、植物栽培ハウスでは、植物の干ばつ耐性を試験する実験が数多く実施されている。

植物栽培ハウスを出た後、バートとテイラーはダンフォースセンターに新たに導入された「ある物」を私に見せてくれた。「グレイス（Grace）」と名づけられた産業用ロボットアームだ。高さ10フィート（約3メートル）ほどのグレイスには複数のカメラが搭載されており、植物の写真をさまざまな角度から撮影でき、植物の発達過程で現れる多種多様な特性をさまざまな種類のカメラで捉えられる。ロボットアームはあらゆる振動を除去するプラットフォーム上に設置されているので、最高レベルの解像度で画像を撮影できる。グレイスは間もなく、ダンフォースセンターの植物栽培ハウス内に数あるステーションの1つとして組み込まれる予定だ。

画像技術は、植物栽培ハウスの主要テクノロジーだ。ハウス内には、植物の大きさと葉のパターンを捉える標準的な光学カメラのほか、植物の光吸収能のモニタリングとストレス応答の計測が可能な蛍光カメラや、水分を検知できる赤外線カメラなどが随所に設置されている。だが、画像化は最初のステップにすぎない。多種多様なカメラで撮影された画像は、その後、最先端のコンピューターですべて解析され、数値化される――そして、膨大な量のデータをコンピューターで解析しなければならない。

現在では、ダンフォースセンターの植物栽培ハウスのような屋内フェノタイピング施設のおかげで、1日に何百株もの植物のデータ収集が可能になった。同じことを手作業でしようと思ったら、対象となる表現型によっては、植物1株あたり1時間以上を要したことだろう。それに比べれば、非常に大きな改善だ。しかし、そのような新しい屋内施設で収集可能になった膨大な量のデータを処理するには、最先端のコンピューターだけでなく、画像処理に特化した最新鋭のソフトウェアも必要になる。ダンフォースセンターの科学者らは、その目的に合わせて、自分たちの手で「プラントCV（PlantCV）」と呼ばれるソフトウェアを作成し、オープンソース化して世界中の研究者に公開している。「協力」の姿勢を何よりも重視するダンフォースセンターらしい選択である。

ここまでは順調だ。しかし、最終目標は野原で生長する植物について研究することだ。その目標に向けて、ダンフォースセンターのもう1人の著名な研究員トッド・モックラーは、アリゾナ州マリコパに野外試験施設を開発する大規模コンソーシアムを率いている。マリコパの施設はダンフォースセンターの植物栽培ハウスをさらに発展させたような感じだ。プロジェクト名はTERRA-REF（Transportation Energy Resources from Renewable Agriculture Phenotyping Reference Platform）。アリゾナ大学のマリコパ農業センターと農学部の乾燥地研究ステーションに設置されたメンバー15人強の共同研究で、縦20メートル、横200メートルの野原を世界最大の野外フェノタイピング施設に変容させた。

この野外施設では、最大8万株の植物を栽培でき、400通りの遺伝子型をもつ変異株を追跡できる。栽培フィールドの端から端までスチール製のレールが敷かれていて、そのレール上を金属製の本体が移動する「レムナテック・フィールド・スキャナライザー（Lemnatec Field Scanalyzer）」と呼ばれる複合計測システムで、栽培フィールド内の植物を測定する。この計測システムには最新鋭カメラがいくつも搭載されており、そこで育つ植物に関するあらゆる種類の表現型データ――大きさ、生長速度、葉のパターン、色、形状、収穫量、耐病性、水分保持力など――が収集される。とりわけ重要なのは、このようなデータが、個々の植物ごとに、生長し成熟していく全過程で毎日記録される点だ。植物栽培ハウスと同様に、マリコパの野外施設でも、最新の画像技術と最新のコンピューターを用いて超高解像度で植物を1株ずつ解析し、たくさんの変異株が植えられた広大な敷地での干ばつ問題に取り組んでいる。

植物の形質だけでなく環境条件についても高解像度データを獲得できれば、野外での高速フェノタイピングの可能性は広がる。モックラーが言うには、マリコパのシステムは、敷地内の個々の植物の発達を2ヵ月もの長期にわたって追跡できるようにデザインされている。膨大な量の貴重なデータが収集されれば、施設を運営する科学者はそれを機械学習や人工知能などの先進的なコンピューター技術を駆使して解析し、今後繁殖させるのに最適な変異株をいくつか特定することができる。数種の植物に関しては、この施設ではすでに植物の植え付け後30日時点の表現型から収穫量を予測する手法を開発済みだ。また、マリコパの科学者らが進めている研究は、次世代型遺伝子組み換えの鍵となる遺伝子と生物学的過程の同定を推進するための基礎材料を提供することにもなる。

栄養価の高い耐病性のキャッサバを

ジェノタイピング（遺伝子型決定）革命とフェノタイピング（表現型計測）革命は、今世紀初頭にはすでに目覚ましい進化を生んでいる。米国農務省が発表した最近の報告によれば、２０１７年に米国内でトウモロコシおよび綿が作付けられた農地面積の90パーセント以上で遺伝子組み換え株が用いられていた。２０００年には綿では60パーセント未満、トウモロコシでは30パーセント未満であったことを思えば、劇的な増加である。しかし、これだけ急増しても、今後の数十年間、増え続ける世界人口を食べさせていくために必要な量には足りていない。

たとえば、キャッサバは発展途上国においてきわめて重要な作物だ。やせた土壌でも育ち、干ばつに強い。根茎が大きく膨らんでできるキャッサバ芋は、熱帯地域の5億人を超える人々にとって最も重要な主食になっている。だが、キャッサバを栽培しているのは自給自足の小農家がほとんどで、小さな区画で栽培され、農場で消費されるか地元の市場で販売される。トウモロコシや大豆や綿などの農作物の収穫量増加を牽引した農産業にとって、キャッサバの経済プロファイルは魅力的な投資先ではない。

ダンフォートセンターは、遺伝子組み換えと表現型の選別によるキャッサバの品質改良を目的とした研究プログラムの実施現場の1つだ。先ほど会った科学者のうちの1人、ナイジェル・テイラーが私に説明してくれたところによると、このプログラムはキャッサバ褐色条斑病（ＣＢＳＤ）という、昆虫によって伝播されるウイルス性の病気への対応として開始された。ＣＢＳＤのせいで、ここ数年、この重要な作物の収穫量は低迷しており、東アフリカと中央アフリカの農家の食料と経済を脅かしている。病気を撲滅させるための最も有望な手法は遺伝子抑制だろうと、テイラーは言った。ＣＢＳＤの原因ウイルスに由来する遺伝子の塩基配列を発現するように植物を遺伝子組み換えすると、その遺伝子はその植物に生来備わっている病気識別機構を始動させ、防御システムを強化させる。ワクチン接種のように事前に防御能が強化され、実際にウイルスに感染しても、病気に罹患する前に素早く病原体を攻撃できるようになる。

テイラーは、ダンフォートセンターの科学者チームが植物栽培ハウスでプロジェクトの初期研究を実施したときの様子を語ってくれた。彼らの研究は、ＶＩＲＣＡ（アフリカのためのウイルス耐性キャッサバ）プロジェクトとＶＩＲＣＡプラスプロジェクトの一環で、ウガンダとケニアの科学者と政府組織も関わっているそうだ。２００８年に開始され、まずは野外でＣＢＳＤを引き起こしているウイルスを単離し、耐病性を獲得させるのに最適な遺伝子の塩基配列を特定した。次に、その配列を数百株のキャッサバのゲノムに導入し、どの株が導入遺伝子を安定して強く発現しているか、耐病性に最も優れているかを決定した。最終的には、有望なキャッサバ25株を特定し、国際的な協力を得て、その株をウガンダでもとくにＣＢＳＤが深刻な地域に設置された立ち入り制限付きの野外試験場に植え付けた。

初回の試験後、繰り返し試験用に6株を選別し、ウガンダとケニアのさまざまな場所で植え付け、複数シーズン連続で試験を実施した。最も望ましいのは、CBSDに耐性を示すだけでなく、量的にも質的にも農家が求めるような収穫を生む株である。選別により、条件に見合う株は2株に絞られた。現在、その2株は両国の規制当局の要請に従い、より詳細な評価を受けているところだ。この評価は、トウモロコシ、大豆、綿など、他の遺伝子組み換え作物を評価し承認するために何百回も実施されている評価と同じように、食料・飼料・環境安全性に関する国際標準に従っている。すべて順調に行けば、東アフリカの農家は2023年には新しい変異株を無料で使用できるようになる。

高速フェノタイピングのおかげで、私たちは他にも有用な方法でキャッサバを品質改良できる可能性がある。開発中のテクノロジーの1つが、根のフェノタイピングだ。X線技術を用いて、根が地下で発達する様子を画像化できる。これはきわめて重要な進展を生むことになるだろう。これまで、植物フェノタイピングの研究では、容易に可視化できる新芽と葉の評価がほとんどだった。キャッサバなどの根菜や根茎作物の場合、食用作物となる部分の質と量を測定するため、あるいは根を腐らせるCBSDなどのウイルスを監視するためには、新芽と葉を評価しても適切な評価にはならない。キャッサバ用の根フェノタイピングが開発されれば、CBSDや収穫量に大きく影響する他の因子を今より遥かに厳密に監視できるようになり、病気と闘うための新戦略の考案も促進されるだろう。

キャッサバの遺伝子組み換えは、栄養価の向上にもつながる可能性がある。栄養や水を蓄えて肥大したキャッサバの貯蔵根は、優れたカロリー源だが、必須微量栄養素の含有量はきわめて少ない。世界保健機関（WHO）によれば、キャッサバを主食とする多くの国では小児と女性の大多数が貧血症である。遺伝子組み換えでないキャッサバでは、栄養不良を予防するには亜鉛と鉄分の含有量が少なすぎるため、この問題を解決する役には立たない。だが、VIRCAプラスプロジェクトの国際チームは、貯蔵根に蓄えられる鉄分と亜鉛の量を大幅に高めたキャッサバの変異株を新たに開発した。これにより、栄養不足の人々のために不足しがちな元素の送達を強化できる見込みがある。このコンソーシアムの長期目標は、栄養価を高めた耐病性のキャッサバ変異株だ。

発展途上国向けにせよ先進国向けにせよ、キャッサバやその他の作物を改善するには、急速に進んでいる個々の遺伝子に関する理解と、それら遺伝子の発現と安定性を調節する複雑な機構に関する理解を活用することになる。だが、複数の遺伝子による形質の制御については、まだ解明が進んでいる途中のため、今後もしばらくは、フェノタイピングの重要度が増していくことになる。となれば、私がダンフォートセンターで見た高速処理の技術やテクノロジーがより一層必要になるだろう。植物の形質を測定し記録するための正確で迅速な手法と、そうした手法によってもたらされる膨大な量のデータを解析するためのコンピューターツールが必要になるわけだ。

私たちは、作物の複雑な形質のすべてについて、それを決定づけている遺伝子を探索してはいるが、その答えを――まだ――知らない。それでも、農業において生物学と工学を集約させる驚くほど強力な手法の登場により、私たちがその答えを知る日は、間違いなく近づいている。セントルイスから飛び立つ飛行機のなかで、私はそんなことを考え、大きな希望を抱いた。私たちはこの難題をきっと乗り越えられる——眼下に広がる豊かな農地を眺めながら、私はそう思った。95億人を超える地球上のすべての人々に栄養豊富でお手頃価格の食料を提供する助けとなるようなテクノロジーを、私たちは着実に手に入れようとしているのだ。

‖7‖ コンバージェンス2.0を加速せよ

飛躍には何が必要か

１９３７年、ＭＩＴの学長に就任して7年目だった物理学者のカール・テイラー・コンプトンは、電子の発見40周年を祝し、「電子――その知的重要性と社会的重要性」という標題の記事を書いた。そのなかでも明記されているとおり、この発見は１８９７年に物理学者のＪ・Ｊ・トムソンによってなされたものだ。トムソンは「電子」という粒子を発見しただけでなく、その粒子の流れが電流の正体であることまで突きとめた。当時の物理学者は、この世に存在する粒子のなかで最も小さいのは、すべての物質を構成する要素である「原子」だと考えていた。しかし、その考えはトムソンの発見によって打ち砕かれ、トムソンはこの発見で１９０６年にノーベル賞を受賞した。だが、それから5年が過ぎても、物理学者のなかには電子の存在を受け入れられずに、この発見がもつ革新的意味合いを否定する者もいた。

そのような否定的な態度も、それから数年のうちにはもはや続けられなくなっていった。トムソンの発見により、大西洋を横断してメッセージを送ることができる無線通信、遠く離れた相手とのリアルタイムでの会話を初めて可能にした長距離電話サービス、動作を検知して扉を開いたり、カメラや望遠鏡の感光フィルムを交換したりするために用いられる光電デバイス、サウンドトラック付きの映画など、魔法のような「エレクトロニクス（電子工学）」技術が次々に誕生したからだ。こうしたテクノロジーの例をひとしきり挙げたあと、コンプトンは電子こそが「これまでに利用されてきたツールのなかで最も万能なツールである」と断言したうえで、この発見による影響の大きさを実感することになるのは、まだこれから先の話だと示唆している。もちろん、彼は正しかった。1937年の時点では、コンプトン自身も、他の誰も、その後のエレクトロニクス産業の姿——20世紀のテクノロジーがどのように発展していくのか——を予見できていなかった。コンピューターが発達し、情報産業が花開き、いまや私たちは、どこにいてもデジタルを利用して何でもできる世界に生きている。

トムソンの発見は、新しいテクノロジーの扉を開いただけでなく、新しい発見への道も開いた。科学者たちは彼の後を追って原子よりも小さな世界の研究に身を投じ、間もなく、原子の構成要素のうち電子以外の残り2つ、中性子と陽子を発見した。しかも、そこで立ち止まりはしなかった。現在では、中性子と陽子もさらに小さな構成要素——クォークやグルーオン——に分かれることが知られている。

原子よりも小さな粒子の発見により、原子核物理学の分野が開かれ、ありとあらゆる革新的なテクノロジーの誕生につながった。なかでも、原子力エネルギーによる発電や核医学による画像検査の威力は目覚ましいものだ。しかし、新しい発見ではよくあることだが、当初は発見した科学者自身も、自分たちの研究が最終的に何を生み出すことになるのか、ほとんど理解できていなかった。原子核物理学の父として広く知られるアーネスト・ラザフォードは、１９０９年に陽子を発見し、１９１１年には原子核について記述している。そんな彼でさえ、自分の研究がどのように実用化され、どのような結果を生むことになるのかまったく予見しておらず、１９３３年には、「原子の状態を変化させて電力を引き出すなどという話はまったくの夢物語だ」と書いている。それから20年も経たないうちに、１９５１年、米国はアイダホ国立研究所（ＩＮＬ）の高速増殖炉で世界初の原子力発電に成功した。

ラザフォードは自身の発見であるにもかかわらず、その実用化を予測できなかったが、そういうことは珍しくない。どう頑張っても、この宇宙の基本的現象に関する洞察のうち、どれがその後のテクノロジーの基礎となるのかを正確に予測できることは稀だ。とはいえ、人類に多大な恩恵と経済的利益をもたらしうる新しいテクノロジーの発達には、基本的発見が欠かせない。真偽のほどは疑わしいが、次のような逸話がある。１８５０年代、英国大蔵大臣だったウィリアム・グラッドストーンは、マイケル・ファラデーの電気と電磁気の振る舞いに関する革新的な発見に対して、「何の役に立つのか？」と尋ねた。ファラデーはこれといって応用例を挙げられないことを認めたが、だからといって自分の発見がもつ将来性に自信をなくしたわけではなかった。「大臣、なぜそんなことを？　いずれこの発見がたくさんの税収を生むことになるかもしれないのに」と応じたと言われている。

やがて各国政府は、新しいテクノロジーによってもたらされる経済成長の恩恵を得るには基礎研究に投資しなければならないことを認識するようになる。基礎研究への投資は、一般的な投資に比べると経済的な見返りが得られるかどうかが不確かで、得られるとしても遠い先のことだ。そこで、各国政府は初期研究を後押しする目的で補助金制度を設け、将来の経済的見返りを生むための種まきに努めた。そして実際に、産業と経済の成長によってもたらされる見返りがいかに大きいかを目の当たりにしてきた。

本書の第1章で述べたとおり、私たち人類は約100年前に、電子とX線と放射線の発見によって初めて、物理学の世界の基礎をなす「部品リスト」を手に入れた。おかげで、同世代の革新的な技術者たちは、素晴らしい電子工学的ツールとテクノロジーを新たに生み出すことができた。物理学と工学を集約すれば、科学的革新が起こり、新しい時代が始まる――カール・テイラー・コンプトンはそのことに他の誰よりも早く気づいていた。彼の言う「新しい時代」とは、言うなれば、「コンバージェンス（集約）1.0」の時代である。集約によってもたらされる可能性を最大化するには、施設を横断した協力体制を推進する必要がある。そう考えたコンプトンは、MITでも他の場所でも、自分のキャリアを通して、できることはすべてやった。コンバージェンス1.0が世界にもたらした変革の大きさは、誇張してもしきれないほどだった。変革によって生み出されたデジタル技術とコンピューターは、いまや私たちの生活の一部として欠かすことのできない、「そこにあって当然」の存在になっている。

そして今、私たちは新たにもうひとつの「部品リスト」を手に入れた——生物学世界の基礎をなす「部品リスト」である。今回もまた、工学との「集約」により、生活を一変させる革命が起きようとしている。「コンバージェンス2.0」とも言うべきこの集約は、すでに刺激的で新しいツールとテクノロジーをいくつも生み出している。ウイルスによって作られるバッテリー、タンパク質ベースの水フィルター、がんの検出と治療に役立つナノ粒子、脳によって駆動される義肢、コンピューターを活用した作物の迅速な選別など、本書でもいくつかの例を紹介してきた。これらのテクノロジーはもとより、開発中の他の多くのテクノロジーも、まだ想像すらできない未来のテクノロジーも、より安全で健康でクリーンな世界の展望を私たちに与えてくれている。

私たちが手にしている可能性の大きさを思うと、身震いするほどの興奮を覚える。アクアポリンA／S社の創設者でありCEOでもあるピーター・ホルム・イェンセン（第3章）は、現在私たちが抱えている問題の多くは「自然の創造性」を活用することによって間もなく解決できるだろう、と私に語った。ウイルスの力を借りれば、アンジェラ・ベルチャー（第2章）の研究のように、環境に負荷をかけることなく効率よくバッテリーを製造できるようになるだけでなく、本書では紹介しきれなかったようなこと、たとえば、メタンをエチレン（ポリ袋、ペットボトル、プラスチック容器の主成分）に変えることもできるだろうし、窒素固定（増え続ける世界人口に食料を供給するために欠かせない大量の肥料を生産するために必須だが、大量にエネルギーを消費する反応過程）の触媒として働かせることもできるだろう。ナノ粒子をうまく活用すれば、サンギータ・バティア（第４章）の研究のように、がんを検出して治療できるだけでなく、大気中の二酸化炭素を回収し、回収した二酸化炭素を有用な工業製品や商品（表面にスプレーするだけで自浄作用と撥水性をもたせることができるコーティング剤など）に変えることで、地球温暖化の流れを反転させることもできるかもしれない。植物の力を利用して室内を照らすこともできるようになるだろうし、太陽光、風力、潮力などの自然エネルギー源から十分なエネルギーが得られるようになれば、化石燃料に頼ることなくエネルギー需要を満たせるようにもなるだろう。

しかし、どれも必然的に起きるわけではない。コンバージェンス1.0があれだけの成功を収められたのは、財政支援、学際的協力、政治的意思が揃っていたからだ。コンバージェンス2.0の推進にも、財政支援、学際的協力、政治的意思が必要だ。基礎研究に新たに巨額の資金を投じる必要がある。新たな産業を育てるには、十分な量の長期的な資本流入を生まなければならないし、世界中からトップレベルの優秀な人材を招き入れるために、移民政策の見直しも必要になる。

コンバージェンス志向の政策や慣習は、独りでに生じるものではない。１８９７年にトムソンが電子を発見したときも、１９１１年にラザフォードが原子核を思い描いたときも、１９３７年にＭＩＴの学長だったカール・テイラー・コンプトンが電子の発見40周年を祝した記事を書いたときも、そのような志向は存在しなかった。コンプトンが記事を書く頃には、コンバージェンス1.0を実現するために必要な基本的発見はすでになされていたが、米国はまだ世界大恐慌からの回復期にあり、コンバージェンス1.0の製品や産業がもつ力を十分に引き出すには、投資が不十分だった。失業率は14%を上回っていて、翌年には20%近くまで上昇した。製造業の生産高は右肩下がりだった。そのわずか数年後に米国が世界のテクノロジー、教育、経済を牽引する超大国として台頭することを予見できた人は、ほとんどいなかった。その明暗を分けたのは、第2次世界大戦だった。米国は戦争に勝つために、他の国々と共同で、レーダー（電波探知機）、ソナー（音波探知機）、新型コンピューター、原子爆弾などのテクノロジーの開発に力を入れた。いずれもコンバージェンス1.0から生まれたテクノロジーである。

米国の戦中および戦後のテクノロジー開発計画を主導した科学技術設計者ヴァニーヴァー・ブッシュによる後押しもあって、米国は終戦後も国策として研究への投資を継続した。おかげで産業発展と経済成長に拍車がかかり、米国は世界のリーダーとしての地位を確立した。世界中の国々が米国の成功から教訓を学び、こぞってその成功要因を再現しようとしている。すなわち、国策として研究開発（R&D）に大胆に投資し、世界に通用する研究大学を設立し、移民を歓迎する政策を取り、将来を見据えた産業モデルを構築している。MITの学長を務める間、私は毎週のように、20世紀に米国が成し遂げた奇跡のような経済成長を再現しようと意欲を燃やす国からの訪問を受けていた。MITを訪問した国々はそれぞれに野心的な計画を打ち立て、今現在、かつてなかったほど熱心に改革に取り組んでいる。未来のテクノロジーを開発するために、投資額を増やし、政策を整備している。

可能性を最大限に解き放つために

ＭＩＴの学長という恵まれた立場から科学と工学の未来を眺めることができたおかげで、私はコンバージェンス2.0の明るい展望を見てこれた。コンバージェンス1.0が20世紀にもたらした変革と同じくらい劇的に、コンバージェンス2.0は21世紀のありとあらゆる点を変える可能性がある。いや実際には、同じくらいどころかそれ以上に劇的な変革が待っているかもしれない。私たちが開発を進めているツールやテクノロジーを用いれば、人類や地球を最も深刻に脅かしている問題の多くに直接対処できる可能性があるからだ。しかし、私が懸念しているのは、米国はコンバージェンス1.0を実現したときと同じようにコンバージェンス2.0の実現に向けて動いていけるかどうかということ、さらに言えば、不幸な戦争を引き起こすようなことなく、それを実現していけるかどうかということだ。私はこの懸念を、現代の政治が抱える重大な問いの1つとして捉えている。そして私たちは、その問いに答える努力をしなければならない。

生物学と工学のコンバージェンス（集約）は、１７９８年に英国の経済学者トマス・マルサスが人類の運命として『人口論』に記した悲観的な未来――戦争、飢饉、流行病から逃れられない未来――を再び回避できると期待させる力強い根拠となる。本書で紹介してきたとおり、私たちはすでに、現状を一変させる革新的なテクノロジーを手に入れている。だからこそ、私たちは重大な問いに向き合わなければならない。手に入れたテクノロジーを速やかに実用化するにはどうすればいいのか？　また、そうしたテクノロジーを1つでも多く、できるだけ迅速に世間に送り出せるような状況を創るにはどうすればいいのか？

基礎中の基礎として、イノベーションの操作パネルの調節ダイヤルをいくつか調整すれば、とんでもない進展が得られることだろう。20世紀のコンバージェンス1.0で得た経験から、私たちはすでに何が有効なのかを知っている。学際的で多施設横断型のプロジェクトや教育を奨励するような連邦政府による基礎研究への投資を強化すること。新しいアイデアの市場化を加速させるようなテクノロジー移転の実践方法をデザインすること。長期にわたる資本集約的な産業への投資を促すような財政政策を立案すること。そして、世界中の才能をできる限り強く引きつける研究運営を維持できるような移民政策を施行することだ。こうした戦略に大胆に取り組むのは不可能な話ではない。だが、コンバージェンス2.0の可能性を最大限に解き放つためには、分野の横断を妨げている現在の教育研究機関の構造、資金提供機関、財政政策を見直す必要がある。どうすればそれを実践できるのか、簡単に検討してみよう。

国の投資、組織横断型の研究プロジェクト

私が本書で紹介した事例のどれをとっても、政府による資金提供なしではありえなかっただろ

う。新発見につながる基礎研究とテクノロジー開発（R&D）に連邦政府が本腰を入れて持続的に資金を供給したおかげで、米国は20世紀のテクノロジーを牽引し、主導権を握ることができた。大規模なR&Dによって生み出された戦争テクノロジーを用いて第2次世界大戦に勝利したあとも、米国は国を挙げて新たな研究開発への投資を続行した。ヴァニーヴァー・ブッシュの言葉を借りれば、「戦時中に科学を応用して得られた学びを平和な時代に応用すれば収益を生むことができる」というわけだ。

1960年代中頃には、R&Dへの連邦政府の投資額はGDPの2パーセントに達していた。GDPに占める投資額の割合は、その社会が研究にどれほど熱心かを表す最良の指標となる。「よりスマートになれば、より良くなる」という考えに立つ連邦政府機関によって分配された資金は、新しいベンチャービジネスをもたらし、新しい産業すら生み出した。その取り組みは20世紀終盤の数十年で見事に成果をあげ、コンピューター産業と情報産業の爆発的な成長をもたらし、そうした産業によって実現化されるツールやテクノロジーの数も急増した。

ところがその後、長期的視点を失った米国政府はR&Dへの投資を縮小し、いまやその額はGDPの1パーセントにも満たない。一方で、民間セクターによるR&DはGDPの1パーセントにまで成長し、連邦政府による減額後の投資額に肩を並べるようになったが、政府による投資の穴埋めにはならなかった。民間のR&Dと公的資金によるR&Dでは、重視される役割が異なるからだ。公的なR&Dでは、主に初期の基礎研究に資金提供されるが、民間企業のR&Dでは市販製品につながる発見を重視した研究開発に資金が投じられる。両者には互換性がなく、私たちには両方とも必要だ。

いくつもの理由から、連邦政府のR&D投資額の減少は分野を横断した研究をとりわけ深刻に直撃した。投資額が停滞もしくは減少すると、資金の割り当てに関する決定はしだいに保守的になっていき、コンバージェンス2.0のように先行きが不確かな新しい動向よりも、成果を予測しやすい研究に支援が偏りやすくなる。さらに言えば、連邦政府の研究への投資の大部分は主要な研究機関――つまり、国立衛生研究所（NIH）、全米科学財団（NSF）、米国エネルギー省（DOE）と国防総省（DOD）――を通じて行われるが、いずれの機関も20世紀の分野ごとに区切られた研究標的を指針としている。縦割りの機関が縦割りの研究分野に専念している状況では、分野を横断するコンバージェンス2.0のプロジェクトへの資金提供は、不可能とは言わないまでも、確実に得るのはきわめて難しい。なかには、分野を横断した新しい研究の起ち上げと維持に必要な資金の供給が民間の慈善活動によって強化された事例もある。科学慈善団体連合によれば、2017年の民間慈善活動による基礎科学研究への出資額は約23億ドルだった（この数字はアンケート調査への回答に基づいているため、過小評価されている可能性がある）。連邦政府の研究への出資額に比べれば少額だが、科学が新しい方向へ進むための道を開く助けになりうる。たとえば、コンバージェンスに基づく大規模脳研究計画「ブレイン・イニシアティブ」の将来性を示して国に認めさせたのは、民間の財団だった。

連邦政府のR&Dへの投資の減額は、物理科学と工学を最も深刻に直撃している。いずれも、コンバージェンス2.0にとって決定的に重要な分野だ。米国科学振興協会（ＡＡＡＳ）の報告によれば、この分野のプロジェクトへの出資額は１９７０年から２０１７年までの間に約55パーセント減少した（ＧＤＰとの対比で）。生物医学分野の研究でさえ、連保政府のＲ＆Ｄへの支出は１９９６年から２００３年にかけて倍増したあと、大幅に減少しており、２００３年から２０１７年までの間に購買力は22パーセント近く低下した。近年、議会はＮＩＨの出資予算を引き上げたが、物理科学はその限りではなかった。これから数年間、コンバージェンス2.0を加速させる好機を迎えるが、その間も連邦政府の投資額が停滞または減少を続けると、米国は世界のテクノロジーをリードする地位を失うことになるだろう。

連邦政府による研究への投資の減額は、国家レベルでも道理に合わないが、世界の流れを考慮すると、なおさら道理に合わない。１９９５年から２０１５年までの間に、多くの国――20世紀に米国に著しい経済的成功をもたらした戦略を採用した国々――は政府および産業界によるテクノロジー分野のＲ＆Ｄへの投資を増額しようと熱心に取り組んだ。なかでも劇的な増額を果たしたのが、中国（現在、ＧＤＰの２パーセント超）、韓国とイスラエル（両国ともＧＤＰの４パーセント超）、日本（ＧＤＰの３パーセントを優に超える）である。これほどの規模でＲ＆Ｄに投資した結果、現在、こうした国々は米国（政府と民間のＲ＆Ｄ投資額を合わせてもＧＤＰの約2.8パーセントに留まる）に肩を並べている。つまり、かつてはテクノロジーの未来の創発で世界を牽引した米国も、今は他国に後れを取りかねない状況にあるということだ。とくに中国の投資増額計画を考慮すると、油断できない。

連邦政府による研究への投資の減額は、投資から得られる利益を考えても、道理に合わない。1つだけ例をあげると、財務年度2018年度の年間予算が約370億ドルだったNIHは、その大半を生物学分野と医学分野の基礎研究に出資した。その投資に対する見返りは、さまざまな方法で計測されている。たとえば、病気の予防による恩恵については、米国疾病管理予防センター（CDC）の推定では、2009年に生まれた小児だけでも、小児期のワクチン接種（その多くはNIHの出資によって開発されたワクチン）によって4万2000人の命が救われ、2000万例の病気が予防され、135億ドルの医療費が削減された。また、米国人の平均寿命が1960年の70歳未満から2015年の78歳以上にまで延びたのは、NIHから資金提供を受けて生まれた新たな医学的洞察や新しいテクノロジーに負うところが大きい。この平均寿命の延びを経済価値に換算すると、年間約3兆2000億ドルに相当すると推定されている。莫大な見返りである。

コンバージェンス2.0によってもたらされる恩恵を最大限に享受するに至るまでには、他にも重大な障害が待ち受けている。連邦政府によって出資される研究助成金制度は概して「単一の分野」の「単独の冒険家」を想定したモデルに基づいている。いずれの基準も、多分野にまたがって幅広い協力体制で臨むコンバージェンス型の研究には適合しない。

幸い、米国政府は新しい出資モデルの必要性を認識しており、分野も研究機関も横断した新しい取り組みへの出資も試みている。よく知られている例が、1990年に発足した「ヒトゲノム計画」だ。主に米国のNIHとDOE、英国の公益信託団体ウェルカム・トラストによる資金提供を受けた国際的共同研究で、民間の研究チームと競う形で研究が進められた。１９９０年から２００３年にかけて、生物学者、コンピューター科学者、化学者、科学技術者が一丸となって新しい塩基配列決定法の開発に取り組んだ。初期の成果として、ハエ、マウス、ヒトの最初のゲノムマップが作成され、数多くの生物学的過程について洞察が得られた。また、疾患の遺伝学的解析の土台にもなり、おかげで現在では、がん、糖尿病、統合失調症などの原因遺伝子の候補を特定することもできる。このような成果は、ＤＮＡの塩基配列を決定するための新テクノロジーが開発されなければ達成できなかった。新テクノロジーが開発されたおかげで、配列決定のコストは大幅に引き下げられた。２００１年には、ヒトゲノムの配列決定にかかる費用は1億ドルを上回っていたが、現在は１０００ドルにも満たない。ヒトゲノム計画のおかげで、私たちはまったく新しいレベルで疾患について理解するためのツールを手に入れた。それらのツールは、患者固有の遺伝子型や特異的な疾患サブタイプを標的とした診断と治療を可能にしてくれる。

　もっと最近では、米国の国家ナノテク・イニシアティブ（ＮＮＩ）が２０００年に発足し、ナノスケールの研究の進展と産業への応用を加速させるべく、連邦政府の20の部署と機関が結束した。ＮＮＩのプロジェクトは、医療の画像診断に用いられる量子ドット（ナノスケールの半導体）、電池の電極に用いられる新しい組成物、水から水素を抽出できるナノ材料など、幅広い分野にまたがっている。２０１３年には、政府は「ブレイン（ＢＲＡＩＮ：Brain Research through Advancing Innovative Neurotechnologies）イニシアティブ」を発足させた。10年計画で、３つの機関に属する神経生物学者、工学者、物理科学者が一丸となり、脳の複雑な思考の仕組みと、その仕組みを破壊する疾患の機序を解明するために新しいテクノロジーをデザインするプロジェクトだ。ジョン・ドノヒューら（第5章）が用いていたような小型のブレイン・コンピューター・インターフェイスで脳の活性を記録し、脳機能の高解像度マップを作成することも、このイニシアティブの目標の1つだ。そうした研究が進展すれば、第5章で紹介した先駆的な義肢テクノロジーを、必要とする多くの人に届けられるようになる。現在、同じように分野と組織を横断したイニシアティブが、プレシジョン医療、マイクロバイオーム、「がんムーンショット計画」など、他にも進行中だ。

こうした動きは成功を収めてはいるが、複数の分野にまたがる組織横断型の研究プロジェクトは、まだ一般的ではなく、あくまで例外的な存在だ。コンバージェンス2.0を実現させるためには、現状を変える必要がある。

教育システムを変える

私たちも、政府の外で変革を起こす必要がある。現在、ほとんどの大学は学部や学科――つまり研究分野ごと――に分かれている。これは、多くの点で理にかなっている。たとえば化学科では、公式にトレーニングを積んだ化学者たちが、学生を化学の専門家に育てるために、さまざまな考えに基づいて、講座と体験を用意している。おかげで研究設備を共有することもできるし、共通の関心テーマについてのセミナーも開催できる。そして、なかでもとくに優れた学部学科は、カリキュラムの作成や研究プログラムの考案を通して、その分野の将来を決定づけている。

しかし、時が過ぎると、分野や学科の境界線は柔軟性を失いかねない。分野ごとに独自の歴史が重ねられ、独自の用語が誕生し、さまざまな問題に関して分野特有の定義がなされ、発見につながる実行可能な道筋も固まってきて、分野横断的な協力体制や理解――正確には、私がすでに述べてきたような科学的コンバージェンス（集約）を加速させるために必要な要素――を妨げるありとあらゆる障壁が生じる。

MITの学長をしている間、私たちは分野を横断した協力体制と理解の障壁を打ち破るために懸命に取り組んだ。たとえば、コーク統合がん研究所を創設したときも、生物学者、工学者、臨床医を集め、研究所に所属するメンバーが互いの言語と問題解決法を学び合うことを前提とするところからスタートした。そのために、「エンジニアリング・ジーニアス・バー」「クロスファイヤー（集中砲火）」「ドクター・イズ・イン」といったタイトルのセッションを設けて互いの知識の溝を埋める機会を作った。私たちとしては、工学者たちの存在を生物学者が行き詰まったときに頼る単なる「サービス提供者」にはしたくなかったのだ。

このアプローチは早々に成果を生んだ。新たな協力が新たな洞察を生んだのだ。新たに生まれたいくつものアプローチのなかから1つ、化学工学者ポーラ・ハモンド教授の例を紹介しよう。彼女は1層ずつ何層も重ねるナノテクノロジー製造法の先駆者で、以前にはその製造法を活用してエネルギー貯蔵装置を構築していた。そんな彼女が、医師であり分子生物学者でもあるマイケル・ヤッフェ教授と組み、２種類の抗がん薬を慎重にタイミングを見計らって患部に送達し、ワン・ツー・パンチを食らわせることによって化学療法の有効性を増幅させるナノ粒子を開発した。

私は何も、現在の学部構造を取り払おうと言っているのではない。学部ごとに分かれた構造にも重要な目的がたくさんあるのだから。また、いきなり別の目的に沿って別の名称で学部を再編しようと提案しているわけでもない。ＭＩＴの学長に就任して間もないころにも、ＭＩＴにはそうした名称の見直しや再編が必要かと尋ねられたことがあった。そのとき私は、必要ないと答えた。この先、どの学部が最も重要になるのか、どの方向性が最も重要になるのか――私たちには、ほんの数十年先のことですらわからない。だからこそ私たちは、学部再編ではなく、別のアプローチを選択する。今ある学部の歴史と強みを生かし、学部と学部をつなぐ研究室やセンターを新たに設立する。また、どの学部にもできる限り２つの拠点をもたせるようにする。１つは大学構内の学部棟、もう１つは研究センター内である。このモデルは、戦時中にキャンパスを拠点とした多分野の共同研究が高い成果をあげ、レーダーの開発にもつながったことを受け、そのスタイルを継承する形で、第２次世界大戦後にはＭＩＴで展開されていた。それ以降、テクノロジーや問題に焦点をあてた研究センターがいくつも設立され、物理科学者と工学技術者の共同研究が促進されてきた。そして今、私たちはコンバージェンス2.0に合わせてこのモデルを拡張することで、伝統的な学問分野の強みを保持しながら新しい種類の分野横断型共同研究を推し進めたいと願っている。そうした共同研究は、それぞれのミッションに成功したり失敗したりしながら、発展――もしくは解散――していく。このアプローチはすでに私たちの期待以上の成功を収めている。他の多くの大学でも似たような取り組みが、異なる分野を統合した新しい組織構成で試みられている。たとえば、ノースウェスタン大学の国際ナノテクノロジー研究所、コネティカット大学医学部の再生工学研究所、ハーバード大学のヴィース研究所、スイス連邦工科大学（ETH）チューリッヒ校のヴィース・センター、ジュネーブ大学キャンパスバイオテックのヴィース・センター、カリフォルニア大学バークレー校およびサンフランシスコ校の共同生物工学プログラムなどは、前途有望なモデルである。

発見にとどまらず、イノベーションや新たな産業を生むような教育システムを整えていくために、私たちにできることは他にもある。科学および工学の博士号を取得後に企業に就職したり起業したりする学生の数は増加しているにもかかわらず、大学院では産業界への道筋をつけるプログラムをほとんど提供していない。だが、一部の大学では、状況が変わりつつある。たとえば、ボストンのノースイースタン大学は、近年、グラクソスミスクライン社と協力して博士課程に「体験プログラム」を発足させた。学生に学界での経験と産業界での経験を同時に積ませるプログラムだ。また、デンマークの大学では現在、政府と企業の共同出資による「インダストリアル（産業）博士制度」が推進され、ポストドクターに職が提供されている。私たちも、コンバージェンス2.0の製品開発を推し進めたければ、大学院教育にこのような種類のプログラムを増やし、より独創的な発想で臨む必要がある。

長期的な視野で育てる

連邦政府によるR&Dへの投資は、新しい製品の開発を促進し、新たなビジネスを生み、新たな産業すら誕生させることを、私たち米国人はコンバージェンス1.0から学んだ。しかし、そのような投資から得られる実りを余さず収穫するには、研究室で生まれたアイデアを製品化して市場に送り出すまでのペースを加速する必要があり、そのためには、産官学の関係を見直す必要がある。たとえば、1980年以前には、連邦政府の資金提供を受けた研究から生まれた特許の所有権は連邦政府に属したが、連邦機関には研究成果を市場に出すための開発を促すのに適した機構やインセンティブが整備されていなかった。そのせいで、巨額の研究投資から得られたはずの経済的恩恵を取りこぼす結果となった。

1980年、特許商標法修正法（通称「バイ・ドール法」）が制定されたことで、すべてが変わった。この法律の狙いは、研究による発見を商業的な製品に変えるまでを加速させることだった。連邦政府の資金提供を受けて開発された知的財産の所有権は、研究を実施した組織——大学、非営利団体、小企業——に属するものとした。特許の所有権をそうした組織に委ねたことにより、研究成果を応用した製品を市場に送り出すための開発を促す強い経済的インセンティブが生まれた。バイ・ドール法の成功を示す指標の1つが、米国の大学組織に発行された特許件数の急増だ。1980年には500件未満だったが、1996年には2000件を超え、2016年には7000件に迫るほどになった。

スタンフォード大学とMITは、テクノロジーの市場への移転を最も効率よく行う大学としてよく引き合いに出され、大学の特許活動に関する米国特許商標局の年次報告書でも常に上位に入る。また、両大学は大学発スタートアップ企業の設立数でも上位に入る。そのような成功の理由の一部は、製品化を重視する傾向にある優れた工学プログラムにある。だが、それだけではない。両大学の歴史が、産業との関わりを促すような文化や方針を醸成していたのだ。スタンフォード大学もMITも、19世紀後半に創立された。MITの創立理念には、学生にとって「実践による学び」の場となる研究室でも「機械実習」（今で言う工学）などを含むカリキュラムでも現実的問題に向き合うことが掲げられており、「実用的な知識」の重要性が強調されている。スタンフォード大学の台頭は、1950年代にエレクトロニクス産業や初期のコンピューター産業と関わる系統的研究を通じて始まり、その後も、シリコンバレーの近隣に集まるスタートアップ企業との関わりのなかで台頭し続けた。両大学は、言うなれば、米国の産業化を加速させる立場にあった。いろんな意味で、テクノロジーの市場への移転は両大学のDNAに組み込まれているのだ。

現在、両大学ではテクノロジー移転の目標として、研究成果を産業開発に——できる限り多く、できる限り速やかに——つなげることが優先されている。新しい製品、新しいベンチャー企業の大半が失敗に終わることは経験からわかっているし、単純かつ迅速なテクノロジー移転を比較的容易に行えれば誰もがその恩恵を受けられることも認識されている。そうした流れを促進するために、両大学では、産業界での経験を持ち合わせ、問題を産学の両面から理解できる人材を揃えている。

さらに、両大学はテクノロジー移転の長い歴史からも恩恵を受けている。歴史のなかで積み重ねられた過去の経験と、産業界との間で確立されたかけがえのない結びつきである。両大学とも、パートナーシップを築くことを重要な責務として考えている。これとは対照的に、一部の組織では金銭的見返りばかりが優先されているが、そのようなモデルはかえってテクノロジーの産業化を遅らせもするし、長い目で見れば利益を生むことになる長期的な協力関係を築く妨げにもなりかねない。

スタンフォード大学もＭＩＴも、テクノロジー移転を重要な使命と位置づけ、近隣地域の経済エコシステムに深く関わってきた。スタンフォード周辺（シリコンバレー）とＭＩＴ周辺（ケンドール・スクエア地区）の活気あふれる産業拠点にはそのような価値観が反映されており、大学側も地元のイノベーション拠点側も、双方に利益をもたらし相乗作用を生む関係から経済的にも社会的にも恩恵を受けている。他の多くの研究機関も後に続き、それぞれの地域でイノベーションを生むエコシステムの構築を後押しし、研究成果から市場製品への移転を加速している。

コンバージェンス2.0についても、コンバージェンス1.0と同じことが言える――期待される成果を生むには、長期的な投資が鍵になる。新会社に投資する競争の世界では、投資家たちは、いわゆる「ハードテック」や「タフテック」（どちらも製品化までに多大な時間と資金を必要とし、しかも製品化できる保証のない技術）よりもソフトウェアを好むことが多い。ソフトウェアには、ソーシャルメディアのプラットフォームからオンライン検索アルゴリズムやビデオゲームまですべて含まれる。比較的安く速く開発でき、しかも、少なくとも短期的にはかなりの利益が見込まれるからだ。どれほどの利益につながるものか、10年前にフェイスブックやグーグルに投資した人に尋ねてみるといい。だが、ハードテックの場合は事情が異なる。ハードテックに含まれる物理的なツールやテクノロジーは、研究開発に何年もかかるし豊富なインフラ設備も必要になる。そして、市場に出すためには製品をデザインし、製造規模を拡大するために、さらに数年を要する。本書で紹介してきたコンバージェンス2.0の製品は、ウイルスベースのバッテリーも、タンパク質ベースの水フィルターも、ナノ粒子ベースのがん検出システムも、脳と接続可能な義肢も、コンピューターによる新しい作物の選別も、すべてハードテックだ。コンバージェンス1.0の製品である次世代型ジェットエンジンや原子炉もハードテックだ。こういう物理的な対象物は、私たちの生き方を変革する可能性があるものの、市場へ送り出すのは難しい。長期的な視野をもち、次世代型の製品がいかに有望であるかを理解し、投資に対する見返りが得られるまで辛抱強く待つことを厭わない投資家が必要だ。

コンバージェンス2.0のテクノロジー開発で企業がどのような難題に直面し、先見の明のある投資家がどれほどの利益を得られるものかを知るには、アクアポリンA／S社の物語（第3章）がよい例となる。同社は水フィルターを製品化するために、アクアポリンタンパク質を産業規模で大量生産する方法を新たに考案しなければならなかった。まずは、膜タンパク質用に新たなタンパク質製造プロセスを見つける必要があった。というのも、標準的なバイオ医薬品の製造プロセスでは溶液中でタンパク質を製造するからだ。次に、膜を製造するためにまったく新しい製造設備を開発しなければならなかった。十分な額の開発資金を――十分な忍耐力を持ち合わせた投資家から――集めるのは並大抵のことではないはずだ。私はその点について、フィルターを市場に出すために必要な時間と出費のかじ取りをどのように計画したのかとクラウス・ヘリックス・ニールセンに尋ねた。するとヘリックス・ニールセンは、アクアポリンA／S社の大口投資家だったデンマークおよび中国の公的機関と民間団体は、投資に対する見返りについて、かなり長期的な視野に立っていたのだと説明してくれた。彼は出資者たちの思いを次のように代弁した。「アクアポリン・インサイド(Aquaporin Inside®)テクノロジーが軌道に乗れば、商業的な成功を大いに享受できます。でもそれ以上に、水の浄化に関して世界を支えられるほどの進展が得られるのは、とても重要なことです」

コンバージェンス2.0の可能性を解き放つ際に直面する難題を乗り越えたければ、投資家に長期的視点に立った考え方をするよう説得するだけでは事足りない。コンバージェンス2.0の製品や他のハードテック製品の開発を促す具体的な目標を設け、資本集約型の産業への長期にわたる投資を奨励する政策を施行する必要がある。どうすればそのようなインセンティブを生み出させるのか。有望な方法の1つを、世界最大の資産運用会社ブラックロック社の会長兼CEOであるローレンス(ラリー)・フィンクが提案している。その提案とは、投資期間が長くなるほど優遇される税制優遇策を政府が提示すべきというものだ。なるほど、理にかなったアイデアである。資金はハードテック企業に流れるようになり、米国経済にとっても世界中の人々の生活にとっても利益となるだろう。私たちはこういうアイデアをもっと出し合って、実行に移していく必要がある。

それと同時に、私たちはすでに何を知っているのかを再確認する必要もある。たとえば、移民を歓迎する政策は米国におけるイノベーションを力強く牽引してくれるだろう。移民1世もしくは2世を創業者にもつ米国企業の成功例を思い浮かべれば、アップル、グーグル、アマゾン、オラクル、ＩＢＭ、インテル、イーベイ、テスラ、ボストン・サイエンティフィック、スリーエムなど、錚々たる顔ぶれになる。２０１７年には、フォーチュン誌が選ぶ全米トップ企業５００社（フォーチュン５００）の半数近くは創業者が1世もしくは2世の米国人だった。また、米国の大学の理学科、数学科、工学科（いずれも世界で有数の競争率を誇る）の新卒者に占める外国出身者の割合も３分の1を優に超えていた。今の若者たちは、夢を追いかけて世界中のどこにでも旅することができる。起業家精神あふれる若き才能を世界各国から強力に引きつける存在であり続けるには、新しい企業や新しい産業をスタートさせる後押しを求めている冒険家たちがより簡単に入国できるように道筋を整える必要がある。学生ビザや就労ビザのプログラムを拡張し、市民権の取得手続きを簡易化すべきだ。残念ながら、今はそれができていない。近年の入国制限やＨ１Ｂビザ（科学者や技術者など特殊技能職の外国人を米国で一時的に雇用するために発給されるビザ）の発行控えを求めた提言は、すでに米国での成功を夢見る移民たちの出足をくじいてしまった。２０１６年には、米国の大学院課程への外国からの入学者数は伸び悩み、２０１７年秋には、米国のカレッジおよび大学への外国からの入学者数は、２００1年の同時多発テロ攻撃以来はじめて、減少した。このような傾向が続けば、競争の激しい世界経済をリードし続けることはできなくなるだろう。

目的志向型・問題解決型の活動も

本書では、目覚ましいテクノロジーの例をいくつか紹介してきたが、2050年までに世界人口が95億人を超えることが予想されるなか、エネルギー不足、水不足、医療不足、食料不足などの差し迫った危機から私たちを救えるかもしれない新しい可能性のうちの、ほんの一部を紹介したにすぎない。とはいえ、こうした素晴らしいテクノロジーが実際に実用化されるかどうかは、次の世代の手中にあり、彼らの考え方次第でもある。

私がバッテリーの将来に希望がもてるのは、テクノロジーそのものに対するのと同様の信頼を、次の世代に寄せているからだ。MITや他大学の学生と交わしてきた会話は、何よりも私の心を刺激し、明るい気持ちにさせてくれた。私が話した若者たちは、世界が直面している緊急課題について驚くほど明晰に理解していて、その解決策を見つけ出す役に立ちたいという情熱を抱いている。MITの学長として、私は毎年、第1学期が始まる初秋のころにキャンパス構内を歩いて回り、新入生たちに今後の計画や野心を尋ねたものだ。そして、彼らの答えに驚かされた。生物学、機械工学、経済学を専攻したいといった答えよりも、エネルギーと生物工学に関する最新のプログラムに注力したがっている学生が非常に多かったのだ。学生たちのそうした熱い思いは、私たちの背中を押してくれた。私たちが新たに設立したMITエネルギーイニシアティブやコンバージェンス2.0型の研究室およびプログラムの運営には、そのような力強い追い風が必要だった。

どこの学生も「解決策を発見するために自分に何ができるのか」を知りたがっている。私たち教育機関も、「問題解決型・目的志向型の活動に従事できる機会をどうやって学生に提供するか？」「がんの治療や持続可能なエネルギー問題の解決に学生をどのように関わらせるか？」「学生たちの夢である新テクノロジーの発明には学科ごとの基礎知識が必要だが、そうした決定的に重要な基礎知識をどう身につけさせるか？」といった問いに向き合っている。

学生と教育者の双方にとって難しいのは、世界の難問の解決に真に貢献したければ、学生は多くのことを学ばなければならない点だ。学科ごとの基礎を固め、その知識とノウハウを現実世界の問題に生産的に適用する必要がある。しかし、そんなにも辛抱強く待てる人がいるだろうか？　ＭＩＴが出した答えは、学部生が学科ごとの勉学と問題解決型の活動の両方を体験できるように編成することだった。たとえば、ＭＩＴエネルギーイニシアティブを発足させた際には、何人かの学部生から、持続可能エネルギーの未来への道筋をデザインする作業に今すぐ携わりたいと言われた。そんな学生たちを後押しするために、私たちは新たに学部生向けの副専攻科目にエネルギーのコースを設けた――ただし、専攻科目ではなく副専攻科目である。卒業後にエネルギーの専門家として重要な貢献を果たすつもりならば、深い学科知識が必要になるだけでなく、他の多くの学科領域の視点から見た場合のエネルギー問題についても理解したうえで貢献できたほうがいい。原子力の物理学、経済学、政治学を理解している原子力エンジニアなら、新しい原子力発電所の設計、建築、運用に関する難題に対して幅広い視野をもてる。

教育の観点で言えば、専攻や副専攻で得られる知識も重要だが、学生が研究に参加することによって得られる多大な利益も同じくらい重要だ。第2次世界大戦後、米国の科学研究活動の大部分は高等教育機関に組み込まれることになった。おかげで、新入生と経験豊富な学者の生産的な協力体制が促進され、知識の発見と伝達が加速した。研究室に所属するようになった学生たちは、教室で学んだ知識が問題解決型・目的志向型の活動のツールとしていかに役立つかを身をもって体験する。より安価で高効率で環境にも配慮されたバッテリーのための新しい化学組成に関する研究プロジェクトに携わっているという学部生は、そのプロジェクトについて私に説明してくれながら、興奮が抑えきれない様子だった。それを見て私は、自分たちの教育がうまくいっていることを実感した。化学療法薬を送達する新たなナノ粒子を考案しようとしている学部生は、自分の兄弟ががんの診断を受けた話を聞かせてくれた。彼が研究の道を突き進むことにしたのは、私たち全員のより良い未来のためだということが、私にもわかった。

触媒のように機能する環境

現在、私はコーク統合がん研究所に身を置き、ここで毎日、コンバージェンス2.0の威力のほどを目の当たりにしている。私の同僚には、ノーベル賞を受賞した生物学者フィリップ・シャープや世界的に有名な生体工学者であり実業家でもあるロバート・ランガーがいて、両者ともコンバージェンス2.0を熱心に支持している。教授陣も学生も世界中から集まっていて、信じられないほど幅広い分野の専門知識を持ち合わせている。生い立ちも出身国も、表現型も遺伝子型もさまざまで、驚くほど多様性に富んでいる。それでも、がんのとてつもない脅威に向き合い、どんな境界も乗り越えて協力し合おうとする姿勢は共通している。同じ大志のもとに人々が集まると、その影響力は増幅される。私たちの研究所では、より大きな共通目標から生まれた業務のなかで人も資源も個々の才能を最大限に発揮できるよう、ある意味、触媒のように機能する環境を提供してきた。私たちは米国を、世界中の国々を、触発し活気づけることができるだろうか？　海面上昇による土地の沈没、清潔な水の不足による喉の渇き、診断も治療もできない疾患で幼くして死にゆく恐怖、身体障害のせいでままならない人生、食料不足によって引き起こされる政治不安などの脅威を軽減する新たな道を考案できるよう促せないものか？

私は旧ソ連による世界初の人工衛星「スプートニク」の時代に生まれ育ったが、その歴史的瞬間は私にとって恐ろしい体験ではなかった。私はその光景に、私たちを導く輝かしい希望の光を見ていた。そして実際に、科学と工学は私たちを月に到達させ、さらに遠くへと導いた。それを見て私は、科学者になりたいと思ったのだ。脳がどのように自己組織化されるのかを研究し、学者と研究者の分野を横断した協力のあり方について再考し、より良い世界を作るためにイェール大学やＭＩＴで分野を横断した革新的な研究アプローチをデザインするに至る道が開かれた瞬間だった。私が他の多くの科学者や技術者と協力し合いながら歩んできた道は、多くのことを教えてくれる、歩みがいのある道のりだった。しかし、まだまだ道半ばだ。未来は不気味にそびえ立っている。私たちは次の１００年も、とんでもない難問に直面することだろう。そうした難問を乗り越えるためには、私たちは同じ大志と熱意をもって奮い立つ必要がある。米国が第2次世界大戦で勝利できたのも、そうやって個々人の力を集結させたからだ。しかし今回は、戦争の脅威に突き動かされるのではなく、平和を誓うために突き進むことを心から願ってやまない。

謝辞

2012年度末にMITの学長を退いたあと、長期有給休暇後の1年間を私はハーバード大学ケネディ行政大学院のベルファー科学・国際関係研究センターの客員教授として過ごした。ベルファー・センターで過ごした1年は私にとって、MITで学長として過ごした時間やMITの歴史について振り返る良い機会になった。その間に私は、「コンバージェンス（集約）」という概念について何度も考えた。本書が生まれたのも、そうやって振り返る時間があったればこそだ。コンバージェンスから生まれる可能性の大きさについては、私が認識するよりも前から多くの人が理解していて、私は彼らの洞察から多大な恩恵を得た。私が学長に就任した当時のMIT工学部長トーマス（トム）・マグナンティ。コーク統合がん研究所の事業計画立案者であるタイラー・ジャックス、ロバート・ランガー、フィリップ・シャープ。コンバージェンスの概念を何十年も前に医療器具として形にしていたスイスの大富豪ハンスユルグ・ヴィース。MITエネルギーイニシアティブ創設者であるアーニー・モニス、ロバート（ボブ）・アームストロング。ラゴン研究所の創立者であるブルース・ウォーカー、スーザン・ラゴンとテリー・ラゴン。彼らの他にも多くの人が、発見を促し、その発見を現実世界のテクノロジーへとシームレスに移転させるための1つのモデルとして「コンバージェンス」を加速させる手助けをしてきた。

長期有給休暇の終わりに私はハーバード大学ケネディ校の年次イベントであるエドウィン・L・ゴドキン講演の講師に招かれ、「21世紀のテクノロジー物語——生物学と工学のコンバージェンスと物理科学」というタイトルで話した。講演後、当時のベルファー・センター長グラハム・アリソンから、彼特有の背中の押し方で、この物語を本に書いて世間に広めるよう強く勧められた。その後、スザンヌ・バーガー、ウィリアム（ビル）・B・ボンヴィリアン、ロバート・パトナム、フィリップ（フィル）・シャープなど他の人からも相次いで同じように勧められた。なかでもフィルは、新しいテクノロジーによって実現可能なより良い未来の素晴らしい展望を語るだけでなく、その開発に携わっている素晴らしい人々の物語も一緒に語れば、本としてより説得力が増すことを私に理解させてくれた。私はそのアプローチを本書に取り入れた。これはすべてフィルのおかげである。

私が本書で紹介してきた物語は、大勢の科学者、技術者、社会科学者、人文学者、起業家たちとの会話のなかから生まれた。彼らはみな私のために時間を割いて、自分たちの発見と夢を語ってくれた。さらには、私の初期の原稿に目を通し、不十分な部分があれば補足してくれた。彼らの忍耐力、寛容さ、ユーモアのおかげで、本書の執筆は私の人生のなかでもとりわけ喜びにあふれた学びの多い体験となった。本書で実際に取り上げた事例はほんのわずかだが、他にも同じくらい明るい未来を予見させる魅力的な事例がたくさんあって、どれを選ぶかはとても難しい選択だった。その選択に不備があったとすれば、もちろん、それはすべて私の責任である。

本書を書くにあたって調査や執筆の際にお力添えをいただいた方々にも、深くお礼を申し上げる。アンジェラ・ベルチャーと、彼女の研究室に所属するアラン・ランシルをはじめとする学生のみなさん。アクアポリンにまつわる冒険物語を面白おかしく、ときに感動的に語って私を楽しませてくれたピーター・アグレ。アクアポリンA／S社のクラウス・ヘリックス・ニールセンとピーター・ホルム・イェンセン。サンギータ・バティアと、彼女の研究室に所属するエスター・クォン、ジャイディー・ドゥダニ、タレク・ファデルをはじめとする学生のみなさん。長年の素晴らしい同僚であるジョン・ドノヒューと、彼の共同研究者であるリー・ホッホバーグ。自分の個人的な苦境を他人の人生を改善する新テクノロジーへと昇華させた真の開拓者であるヒュー・ハーとジム・ユーイング。オズール社の首脳陣として見事なまでに慈悲深く優しくリーダーシップを発揮するヒルドゥル・アイナルスドッティル、グンナー・エリクソン、キム・デュ・ロイ、デビッド・ラングロア、マグヌス・オッドソンと、私を同社に引き合わせてくれたクリスティン・インゴウルスドウッティル。ドナルド・ダンフォース植物科学センターで私を迎えてくれたみなさん。なかでも、深い洞察で私を教え導いてくれたエリザベス（トビー）・ケロッグや、ジェイムズ（ジム）・カーリントン、ベッキー・バート、ミンディ・ダーネル、ノア・ファーールグレン、ナイジェル・テイラーはみんな、私の原稿を読んでくれた。また、高速フェノタイピングが農業に関する章の鍵となるテクノロジーであることを示唆し、いくつものアイデアを出し、注意深く原稿を査読してくれたスーザン・ランデル・シンガーと、農業の進展に関する歴史的観点を共有してくれたデボラ・フィッツジェラルドにも感謝している。バーバラ・シャールはドナルド・ダンフォース植物科学センターに私を紹介し、広い心で多くのことについて知恵を貸してくれた。第1章と第7章の歴史や政策に関する考察は、ビル・ボンヴィリアン、マルク・カストナー、レズリー・ミラー－ニコルソン、ビル・オーレット、エドワード（エド）・ロバーツ、アル・オッペンハイムと、MITのアーキビストであるトム・ロスコ、マイルズ・クラウリー、ノラ・マーフィなど、多くの仲間との会話から生まれた。ゲリ・マランドラ、ボブ・ミラード、リサ・シュワルツは、本書の初期の原稿に目を通し、文章をより伝わりやすくするために役立つ指摘を数多く与えてくれた。お名前をあげた方々だけでなく、他の数えきれない多くの冒険者も含めて全員が私にとって英雄であり、友人であり、予想を超えたかけがえのない贈り物である。

本書は私が一般読者向けに書いた最初の著書であり、そこから私も多くの学びを得た。トビー・レスターは、全章を通して最初の企画の段階から本になるまで私と一緒に携わり、絶えず励ましてくれた。トビーは、事実を列挙しただけのぎこちない文章を説得力のある物語に変える方法を心得ていて、私に絶えずひらめきを与えてくれる執筆パートナーだった。書籍出版の裏方の世界と、今なお健在な読者コミュニティを紹介してくれたのは、私の代理人を務めるレイフ・セイガリン（インターナショナル・クリエイティブ・マネジメント所属）だった。彼はアイデアを本にする過程で絶えず私を導いてくれた。本書の1週間ごとの進捗は、私の研究助手であり思索のパートナーでもあるナビハ・サクレイエンの知性と活力と熱意のおかげで計り知れないほど促進された。エリン・ダールストロームは、注意深い参考文献整理と事実確認で細かな大詰め作業を喜びに満ちた経験に変えてくれた。サマーソルト18：24社のルク・コクスとイドヤ・ラホルティガは、複雑な概念の本質をつかんで鮮やかに描いた図を作成してくれた。ノートン社の担当編集者であるクイン・ドゥとジョン・グラスマンは、最初から最後まで専門的な立場で私を導きながら励まし続けてくれた。

また、私が本を執筆中だと話したときに、本心であろうとなかろうと、「ぜひ読みたい」と言ってくれた私のたくさんの友人たちと同僚たちにも言葉では表せないほど感謝している。

最後に、私はこの数年間、他に何も手につかなくなるほど本の執筆に没頭してきた。しかし執筆というのは、より大きな時代の流れのなかで必要とされ、期待されることで事が運んでいくものだ。ごく近しい同僚たちから受けた信じられないほどの支えがなければ、本書が生まれることはなかった。いついかなるときも多方面にわたって才能を発揮する私の優秀なアシスタントのレスリー・プライスには、本当にお世話になりっぱなしである。長年にわたって煩雑で膨大な要求や義務を秩序正しく遂行してくれている彼女には、心より感謝している。本の執筆に追われていたせいで、数多くのお誘いをお断りしてきたが、それを優しく寛大に受けとめてくれた同僚たちや友人たちのこともありがたく思っている。

そして、最も感謝を伝えたい相手は、私を導く輝かしい星であり続けてくれる人生最愛の2人——夫のトムと娘のエリザベスである。彼らは私と一緒に考え、読み、その知恵と洞察と愛情を絶えず私に注いでくれた。

原注

◉‖はじめに‖　生物学と工学のコンバージェンス

p.6 コンバージェンス（集約）によって変革を起こそうとしている:P. Sharp, T. Jacks, and S. Hockfield, "Capitalizing on Convergence for Health Care," *Science* 352, no. 6293 (2016): 1522-23, http://doi.org/10.1126/science.aag2350; Phillip Sharp and Susan Hockfield, "Convergence: The Future of Health," *Science* 355, no. 6325 (2017): 589, http://doi.org/10.1126/science.aam8563.

p.7 現在の世界人口は約 76 億人：United Nations Department of Economic and Social Affairs Population Division, "World Urbanization Prospects: The 2018 Revision," 2018, http://population.un.org/wup/DataQuery.

p.7 この事態に対処しようと取り組んでいる：Chunwu Zhu et al.,"Carbon Dioxide (CO_2) Levels This Century Will Alter the Protein, Micronutrients, and Vitamin Content of Rice Grains with Potential Health Consequences for the Poorest Rice-Dependent Countries," *Science Advances* 4, no. 5 (2018): 1-8, http://doi.org/10.1126/sciadv.aaq1012.

p.7 気温も海水面も上昇：John A. Church and Neil J. White, "A 20th Century Acceleration in Global Sea-Level Rise," *Geophysical Research Letters* 33, no. 1 (2006): 94-97, http://doi.org/10.1029/2005GL024826; Benjamin D. Santer et al., "Tropospheric Warming over the Past Two Decades," *Scientific Reports* 7, no. 1 (2017): 3-8, http://doi.org/10.1038/s41598-017-02520-7.

p.7 トマス・ロバート・マルサス牧師：Thomas Robert Malthus, "An Essay on the Principle of Population as It Affects the Future Improvement of Society," 1798. トマス・ロバート・マルサス『人口論』（斉藤悦則訳、光文社、ほか）

p.8 英国の人口はマルサスの推定よりも急速に増加：UK Census Online Project. Last modified May 29, 2015, http://www.freecen.org.uk.

p.8 テクノロジーによって推進された 19 世紀の農業革命：Mark Overton, *Agricultural Revolution in England: The Transformation of the Agrarian Economy* (Cambridge: Cambridge University Press, 1996); Robert C. Allen, "Tracking the Agricultural Revolution in England," *Economic History Review* 52, no. 2 (1999): 209-35, http://doi.org/10.1111/1468-0289.00123.

p.8 生物学と工学が思いも寄らない形で合流：Susan Hockfield, "The Next Innovation Revolution," *Science* 323, no. 5918 (2009): 1147, http://doi.org/10.1126/science.1170834; Susan Hockfield, "A New Century's New Technologies," *Project Syndicate* (2015), http://www.project-syndicate.org/commentary/engineering-biotech-innovations-by-susan-hockfield-2015-01.

◉‖1‖ 未来はどこから来るのか

p.9 マサチューセッツ工科大学（MIT）理事会の早朝会議で：Marcella Bombardieri and Jenna Russell, "Female Leadership Signals Shift at MIT," *Boston Globe*, August 27, 2004; Arthur Jones, "Susan Hockfield Elected MIT's 16th President," *TechTalk* 49, no. 1 (2004); Katie Zezima, "M.I.T. Makes Yale Provost First Woman to Be Its Chief," *New York Times*, August 27, 2004, http://doi.org/10.13140/2.1.3945.0402.

p.10 工学部の学部長から受けた報告：Thomas Magnanti, in discussion with the author, fall 2004. 2004年秋のトマス・マグナンティとの談話より。

p.13 生物学的メカニズムを記述する：H. F. Judson, *The Eighth Day of Creation: The Makers of the Revolution in Biology* (Plainview, NY: CSHL Press, 1996). H・F・ジャドソン『分子生物学の夜明け――生命の秘密に挑んだ人たち』（野田春彦訳、東京化学同人）

p.13 ジェームズ・ワトソン、フランシス・クリック、モーリス・ウィルキンス、ロザリンド・フランクリン：Franklin and R. G. Gosling, "Evidence for 2-Chain Helix in Crystalline Structure of Sodium Deoxyribonucleate," *Nature* 172, no. 4369 (1953): 156-57; Rosalind E. Franklin and R. G. Gosling, "Molecular Configuration in Sodium Thymonucleate," *Nature* 171, no. 4356 (1953): 740-41; J. D. Watson and F. H. Crick, "Molecular Structure of Nucleic Acids: A Structure for Deoxyribose Nucleic Acid," *Nature* 171, no. 4356 (1953): 737-38; M. H. F. Wilkins, "Molecular Configuration of Nucleic Acids," *Science* 140, no. 3570 (1963): 941-50.

p.14 ヒトゲノムの地図：E. S. Lander et al., "Initial Sequencing and Analysis of the Human Genome," *Nature* 409, no. 6822 (2001): 860-921, http://doi.org/10.1038/35057062; J. C. Venter et al., "The Sequence of the Human Genome," *Science* 291, no. 5507 (2001): 1304-51, http://doi.org/10.1126/science.1058040.

p.15 分子生物学の概念とツールが全生物を対象とした研究に革命をもたらすだろうことを直観していた：Cold Spring Harbor Symposia on Quantitative Biology, Molecular Neurobiology, XLVIII, C. S. H. Laboratory, 1983.

p.18 1897年、偉大な物理学者J・J・トムソン：Joseph John Thomson, "XL. Cathode Rays," *The London, Edinburgh, and Dublin Philosophical Magazine and Journal of Science* 44, no. 269 (1897): 293-316, http://doi.org/10.1080/14786449708621070.

p.18 マリー・キュリーとピエール・キュリー、ヴィルヘルム・レントゲン、アーネスト・ラザフォード：Ernest Rutherford, "LXXIX. The Scattering of α and β Particles by Matter and the Structure of the Atom," *Philosophical Magazine Series* 6, 21, no. 125 (1911): 669-88, http://doi.org/10.1080/14786440508637080; Otto Glasser, "W. C. Roentgen and the Discovery of the Roentgen Rays," *American Journal of Roentgenology*165 (1995): 1033-40; R. F. Mould, "Marie and Pierre Curie and Radium: History, Mystery, and Discovery," *Medical Physics*

26, no. 9 (1999): 1766-72, http://doi.org/10.1118/1.598680.

p.19 私たちはまったく新しい科学の世界へ：National Academy of Sciences, Office of the Home Secretary, *Biographical Memoirs*, vol. 61 (Washington, DC: National Academy Press, 1992).

p.20 プリンストン大学新聞『デイリー・プリンストン』に語った：National Academy of Sciences, Office of the Home Secretary, *Biographical Memoirs*, vol. 61 (Washington, DC: National Academy Press, 1992).

p.20 彼の後押しでＭＩＴに設立された放射線研究所：T. A. Saad, "The Story of the M.I.T. Radiation Laboratory," *IEEE Aerospace and Electronic Systems Magazine* (October 1990): 46-51.

p.22 コンプトンは次に来る集約型革命について：S. James Adelstein, "Robley Evans and What Physics Can Do for Medicine," *Cancer Biotherapy and Radiopharmaceuticals* 16, no. 3 (2001): 179-85, http://doi.org/10.1089/10849780152389375.

p.22 元素の放射性標識：Angela N. H. Creager, "Phosphorus-32 in the Phage Group: Radioisotopes as Historical Tracers of Molecular Biology," *Studies in History and Philosophy of Biological and Biomedical Sciences* 40, no. 1 (2009): 29-42, http://doi.org/10.1016/j.shpsc.2008.12.005. Phosphorus-32.

p.23 複数の患者でヨウ素の放射性同位体を用いた治療に成功：S. Hertz, A. Roberts, and R. D. Evans, "Radioactive Iodine as an Indicator in the Study of Thyroid Physiology," *Proceedings of the Society for Experimental Biology and Medicine* 38 (1938): 510-13; S. Hertz and A. Roberts, "Radioactive Iodine in the Study of Thyroid Physiology: VII. The Use of Radioactive Iodine Therapy in Hyperthyroidism," *Journal of the American Medical Association* 131, no. 2 (1946): 81-86; Derek Bagley, "January 2016: Thyroid Month: The Saga of Radioiodine Therapy," *Endocrine News* (January 2016); Frederic H. Fahey, Frederick D. Grant, and James H. Thrall, "Saul Hertz, MD, and the Birth of Radionuclide Therapy," *EJNMMI Physics* 4, no. 1 (2017), http://doi.org/10.1186/s40658-017-0182-7.

p.23 生物工学のカリキュラム：*MIT Reports to the President* 73, no. 1 (1937): 19-113; Karl T. Compton and John W. M. Bunker, "The Genesis of a Curriculum in Biological Engineering," *Scientific Monthly* 48, no. 1 (1939): 5-15.

p.23 MITの生物学部の名称を「生物学・生物工学部」に変更：*MIT Reports to the President* 80, no. 1 (1944): 8.

p.23 米国におけるレーダー（電波探知機）、合成ゴム、射撃統制、熱放射の研究をリード: National Academy of Sciences, Office of the Home Secretary, *Biographical Memoirs*, vol. 61 (Washington, DC: National Academy Press, 1992).

p.25 環境工学者のマーティン・ポルツ：Janelle R. Thompson et al., "Genotypic

Diversity within a Natural Coastal Bacterioplankton Population," *Science* 307, no. 5713 (2005): 1311-13, http://doi.org/10.1126/science.1106028; Dikla Man-Aharonovich et al., "Diversity of Active Marine Picoeukaryotes in the Eastern Mediterranean Sea Unveiled Using Photosystem-II psbA Transcripts," *ISME Journal* 4, no. 8 (2010): 1044-52, http://doi.org/10.1038/ismej.2010.25.

p.25 化学工学者のクリスタラ・ジョーンズ・プラザー：Kristala Jones Prather et al., "Industrial Scale Production of Plasmid DNA for Vaccine and Gene Therapy: Plasmid Design, Production, and Purification," *Enzyme and Microbial Technology* 33, no. 7 (2003): 865-83, http://doi.org/10.1016/S0141-0229(03)00205-9; Kristala L. Jones Prather and Collin H. Martin, "De Novo Biosynthetic Pathways: Rational Design of Microbial Chemical Factories," *Current Opinion in Biotechnology* 19, no. 5 (2008): 468-74, http://doi.org/10.1016/j.copbio.2008.07.009; Micah J. Sheppard, Aditya M. Kunjapur, and Kristala L. J. Prather, "Modular and Selective Biosynthesis of Gasoline-Range Alkanes," *Metabolic Engineering* 33 (2016): 28-40, http://doi.org/10.1016/j.ymben.2015.10.010.

p.25 物理学者だったスコット・マナリスは生物工学者に転向：Thomas P. Burg et al., "Weighing of Biomolecules, Single Cells and Single Nanoparticles in Fluid," *Nature* 446, no. 7139 (2007): 1066-69, http://doi.org/10.1038/nature05741; Nathan Cermak et al., "High-Throughput Measurement of Single-Cell Growth Rates Using Serial Microfluidic Mass Sensor Arrays," *Nature Biotechnology* 34, no. 10 (2016): 1052-59, http://doi.org/10.1038/nbt.3666; Arif E. Cetin et al., "Determining Therapeutic Susceptibility in Multiple Myeloma by Single-Cell Mass Accumulation," *Nature Communications* 8, no. 1 (2017), http://doi.org/10.1038/s41467-017-01593-2.

p.25 世界で最も多くの成果を出している生体工学者として高く評価されているロバート・ランガー教授：Hannah Seligson, "Hatching Ideas, and Companies, by the Dozens at M.I.T.," *New York Times*, November 24, 2012, http://www.nytimes.com/2012/11/25/business/mit-lab-hatches-ideas-and-companies-by-the-dozens.html; Joel Brown, "MIT Scientist Robert Langer Talks about the Future of Research," *Boston Globe*, May 8, 2015, http://www.bostonglobe.com/magazine/2015/05/08/mit-scientist-robert-langer-talks-about-future-research/I0ggn93cxapR8omjcrM1hI/story.html.

◉‖2‖ エネルギー革命▶ ウイルスが育てるバッテリー

p.31 彼女の型破りなアイデアが実現可能であることを証明：Sandra R. Whaley et al., "Selection of Peptides with Semiconductor Binding Specificity for Directed Nanocrystal Assembly," *Nature* 405, no. 6787 (2000): 665-68,

http://doi.org/10.1038/35015043.
p.31 科学技術誌『MIT テクノロジー・レビュー』が選ぶ「35 歳未満の優れたイノベーター 100 人」の1人に："Innovators Under 35 2002: Angela Belcher," *MIT Technology Review*, 2002, http://www2.technologyreview.com/tr35/profile.aspx?trid=229.
p.31 マッカーサー基金から人並外れた才能を発揮する人物に贈られる「天才賞」を受賞："MacArthur Fellows Program: Angela Belcher," 2004, http://www.macfound.org/fellows/727/.
p.31『サイエンティフィック・アメリカン』で「今年の最優秀研究リーダー」に：J. R. Minkel, "Scientific American 50: Research Leader of the Year," *Scientific American*, November 12, 2006, http://www.scientificamerican.com/article/scientific-american-50-re/.
p.34 炭酸カルシウム分子をきっちりと規則正しい配列で並べ：A. M. Belcher et al., "Control of Crystal Phase Switching and Orientation by Soluble Mollusc-Shell Proteins," *Nature* 381, no. 56-58 (May 1996), http://doi.org/10.1038/381056a0.
p.34 アワビの殻と比べれば、まだ 3000 分の1の強度：Bettye L. Smith et al., "Molecular Mechanistic Origin of the Toughness of Natural Adhesives, Fibers and Composites," *Nature* 399, no. 6738 (1999): 761-63, http://doi.org/10.1038/21607.
p.36「この半透明のトパーズ色をした結晶石：Stanislas Von Euw et al., "Biological Control of Aragonite Formation in Stony Corals," *Science* 356, no. 6341 (2017): 933-38, http://doi.org/10.1126/science.aam6371.
p.38 南アフリカの洞窟で発見された骨と植物の灰：F. Berna et al., "Microstratigraphic Evidence of in Situ Fire in the Acheulean Strata of Wonderwerk Cave, Northern Cape Province, South Africa," *Proceedings of the National Academy of Sciences* 109, no. 20 (2012): 1215-20, http://doi.org/10.1073/pnas.1117620109.
p.38 ネアンデルタール人は約 40 万年前に火を使用していた：W. Roebroeks and P. Villa, "On the Earliest Evidence for Habitual Use of Fire in Europe," *Proceedings of the National Academy of Sciences* 108, no. 13 (2011): 5209-14, http://doi.org/10.1073/pnas.1018116108.
p.38 フランス南西部のペシュ・ド・ラゼで発見された考古学的証拠：Peter J. Heyes et al., "Selection and Use of Manganese Dioxide by Neanderthals," *Scientific Reports* 6 (2016), http://doi.org/10.1038/srep22159.
p.38 太陽光から取り込まれる光子をエネルギー源として：Albert Einstein, "Uber Einen Die Erzeugung Und Verwandlung Des Lichtes Betreffenden Heuristischen Gesichtspunkt," *Annalen der Physik (Leipzig)* 1905, http://doi.org/10.1002/pmic.201000799; A. B. Arons and M. B. Peppard, "Einstein's Proposal of the Photon Concept—A Translation of the *Annalen der Physik* Paper of 1905," *American Journal of Physics*

33, no. 5 (1964): 367-74.
p.39 米国の主要なエネルギー源：Energy Information Administration Office of Energy Markets and End Use, *Annual Energy Review* 2006, 2007, http://doi.org/DOE/EIA-0384(2006).
p.39 全米のエネルギー消費量：U.S. Energy Information Administration, "U.S. Energy Facts Explained." Last modified May 19, 2017, http://www.eia.gov/energyexplained/?page=us_energy_home.
p.40 比較的安定した時期が長く続いたあと：J. R. Petit et al., "Climate and Atmospheric History of the Past 420,000 Years from the Vostok Ice Core, Antartica," *Nature* 399, no. 6735 (1999): 429-36, https://doi.org/10.1038/20859; NASA Global Climate Change: Vital Signs of the Planet, "Graphic: The Relentless Rise of Carbon Dioxide." Last modified November 15, 2018, https://climate.nasa.gov/climate_resources/24/graphic-the-relentless-rise-of-carbon-dioxide/.
p.41 約100トンの植物性物質：Jeffrey S. Dukes, "Burning Buried Sunshine: Human Consumption of Ancient Solar Energy," *Climatic Change* 61, no. 1-2 (2003): 31-44, http://doi.org/10.1023/A:1026391317686.
p.41 1950年から1980年まで、中国は国策として：Yuyu Chen et al., "Evidence on the Impact of Sustained Exposure to Air Pollution on Life Expectancy from China's Huai River Policy," *Proceedings of the National Academy of Sciences* 110, no. 32 (2013): 12936-41, http://doi.org/10.1073/pnas.1300018110/-/DCSupplemental.www.pnas.org/cgi/doi/10.1073/pnas.1300018110.
p.42 世界のエネルギー需要：D. Larcher and J. M. Tarascon, "Towards Greener and More Sustainable Batteries for Electrical Energy Storage," *Nature Chemistry* 7, no. 1 (2015): 19-29, http://doi.org/10.1038/nchem.2085.
p.42 このままいけば現在の約76億人から：United Nations Department of Economic and Social Affairs Population Division, "World Urbanization Prospects: The 2018 Revision," 2018, http://population.un.org/wup/DataQuery.
p.42 平均的な米国人は年間で1万3000キロワット時以上の電力を消費している：The World Bank Group, "Electric Power Consumption (kWh per capita)." Last modified 2014, http://data.worldbank.org/indicator/EG.USE.ELEC.KH.PC?locations=US.
p.42 平均的なバングラデシュ人の年間の消費電力：The World Bank Group, "Electric Power Consumption (kWh per capita)." Last modified 2014, http://data.worldbank.org/indicator/EG.USE.ELEC.KH.PC?locations=INPK-BD-LK-NP-AF.
p.43「間欠性」：William A. Braff, Joshua M. Mueller, and Jessika E. Trancik, "Value of Storage Technologies for Wind and Solar Energy," *Nature Climate Change* 6, no. 10 (2016): 964-69, http://doi.org/10.1038/

nclimate3045.
p.45 最初のバッテリーの登場は、1800年にまでさかのぼる:P. A. Abetti, "The Letters of Alessandro Volta," *Electrical Engineering* 71, no. 9 (1952): 773-76, http://doi.org/10.1109/EE.1952.6437680.
p.47 最初の充電可能バッテリーの実用化が成功したのは：P. Kurzweil, "Gaston Plante and His Invention of the Lead-Acid Battery—The Genesis of the First Practical Rechargeable Battery," *Journal of Power Sources* 195, no. 14 (2010): 4424-34, http://doi.org/10.1016/j.jpowsour.2009.12.126.
p.47 より安全で大幅に軽量化された充電式バッテリー：Bruno Scrosati and Jurgen Garche, "Lithium Batteries: Status, Prospects and Future," *Journal of Power Sources* 195, no. 9 (2010): 2419-30, http://doi.org/10.1016/j.jpowsour.2009.11.048; Akira Yoshino, "The Birth of the Lithium-Ion Battery," *Angewandte Chemie—International Edition*51, no. 24 (2012): 5798-5800, http://doi.org/10.1002/anie.201105006.
p.47 バッテリーの標準的な製造過程：Antti Vayrynen and Justin Salminen, "Lithium-Ion Battery Production," *Journal of Chemical Thermodynamics*46 (2012): 80-85, http://doi.org/10.1016/j.jct.2011.09.005.
p.48 IVLスウェーデン環境研究所の算出：Mia Romare and Lisbeth Dahllof, "The Life Cycle Energy Consumption and Greenhouse Gas Emissions from Lithium-Ion Batteries and Batteries for Light-Duty Vehicles," IVL Swedish Environmental Research Institute Report C 243, 2017
p.48 二酸化炭素20トン分：United States Environmental Protection Agency, "Greenhouse Gas Equivalencies Calculator." Last modified September 2017, http://www.epa.gov/energy/greenhouse-gasequivalencies-calculator.
p.48 2250ガロン（約8.5キロリットル）のガソリンを燃焼：Tesla, "Model S: The Best Car." Last modified 2018, http://www.tesla.com/models.
p.49 数十種類の有望な新テクノロジー：Sung Yoon Chung, Jason T. Bloking, and Yet Ming Chiang, "Electronically Conductive PhosphoOlivines as Lithium Storage Electrodes," *Nature Materials* 1, no. 2 (2002): 123-28, http://doi.org/10.1038/nmat732; Won Hee Ryu et al., "Heme Biomolecule as Redox Mediator and Oxygen Shuttle for Efficient Charging of Lithium-Oxygen Batteries," *Nature Communications* 7 (2016), http://doi.org/10.1038/ncomms12925.
p.49 スタンフォード大学のイー・ツィ（Yi Cui、崔屹）と彼の同僚たち：Nian Liu et al., "A Pomegranate-Inspired Nanoscale Design for Large-Volume-Change Lithium Battery Anodes," *Nature Nanotechnology* 9, no. 3 (2014): 187-92, http://doi.org/10.1038/nnano.2014.6; Haotian Wang et al., "Direct and Continuous Strain Control of Catalysts with Tunable Battery Electrode Materials," *Science* 354, no. 6315 (2016): 1031-36.
p.49 南洋理工大学（ナンヤン工科大学）のシーシャン・シェン（Ze Xiang

Shen）：Dongliang Chao et al., "Array of Nanosheets Render Ultrafast and High-Capacity Na-Ion Storage by Tunable Pseudocapacitance," *Nature Communications* 7 (2016): 1-8, http://doi.org/10.1038/ncomms12122.

p.50 それを包み込むタンパク質カプセルくらい：Nancy Trun and Janine Trempy, "Chapter 7: Bacteriophage," in *Fundamental Bacterial Genetics* (Hoboken, NJ: Wiley-Blackwell, 2003), 105-25, http://www.blackwellpublishing.com/trun/pdfs/Chapter7.pdf.

p.50 3億年前にはすでに：Julien Theze et al., "Paleozoic Origin of Insect Large dsDNA Viruses," *Proceedings of the National Academy of Sciences* 108, no. 38 (2011): 15931-35, https://doi.org/10.1073/pnas.1105580108.

p.51 DNA構造について最初に報告:J. D. Watson and F. H. Crick, "Molecular Structure of Nucleic Acids: A Structure for Deoxyribose Nucleic Acid," *Nature* 171, no. 4356 (1953): 737-38; H. F. Judson, *The Eighth Day of Creation: The Makers of the Revolution in Biology* (Plainview, NY: CSHL Press, 1996).

p.54 アルフレッド・ハーシーとマーサ・チェイスはウイルスを用いた実験によって：A. D. Hershey and Martha Chase, "Independent Functions of Viral Protein and Nucleic Acid in Growth of Bacteriophage," *Journal of General Physiology*36 (1952): 39-56; Angela N. H. Creager, "Phosphorus-32 in the Phage Group: Radioisotopes as Historical Tracers of Molecular Biology," *Studies in History and Philosophy of Biological and Biomedical Sciences* 40, no. 1 (2009): 29-42, http://doi.org/10.1016/j.shpsc.2008.12.005.Phosphorus-32.

p.60 ウイルスベースのバッテリー電極の製造：Ki Tae Nam et al., "Genetically Driven Assembly of Nanorings Based on the M13 Virus," *Nano Letters* 4, no. 1 (2004): 23-27; Yu Huang et al., "Programmable Assembly of Nanoarchitectures Using Genetically Engineered Viruses," *Nano Letters* 5, no. 7 (2005): 1429-34, http://doi.org/10.1021/nl050795d; K. T. Nam et al., "Stamped Microbattery Electrodes Based on Self-Assembled M13 Viruses," *Proceedings of the National Academy of Sciences* 105, no. 45 (2008): 17227-31, http://doi.org/10.1073/pnas.0711620105; Dahyun Oh et al., "M13 Virus-Directed Synthesis of Nanostructured Metal Oxides for Lithium-Oxygen Batteries," *Nano Letters* 14, no. 8 (2014): 4837-45, http://doi.org/10.1021/nl502078m; Maryam Moradi et al., "Improving the Capacity of Sodium-Ion Battery Using a Virus-Templated Nanostructured Composite Cathode," *Nano Letters* 15, no. 5 (2015): 2917-21, http://doi.org/10.1021/nl504676v

p.66 ウイルスを用いたアノードの構築に成功:Ki Tae Nam et al., "Virus-Enabled Synthesis and Assembly of Nanowires for LithiumIon Battery Electrodes," *Science* 312, no. 5775 (2006): 885-88, http://doi.

org/10.1126/science.1122716; Yun Jung Lee et al., “Biologically Activated Noble Metal Alloys at the Nanoscale: For Lithium Ion Battery Anodes,” *Nano Letters* 10, no. 7 (2010): 2433-40, http://doi.org/10.1021/nl1005993.

p.66 同じくカソードの構築の成功を報告：Yun Jung Lee et al., “Fabricating Genetically Engineered High-Power Lithium-Ion Batteries Using Multiple Virus Genes,” *Science* 324, no. 5930 (2009): 1051-55, http://doi.org/10.1126/science.1171541; Dahyun Oh et al., “Biologically Enhanced Cathode Design for Improved Capacity and Cycle Life for Lithium-Oxygen Batteries,” *Nature Communications* 4 (May 2013): 1- 8, http://doi.org/10.1038/ncomms3756.

p.66 バラク・オバマ大統領がMITを訪れた：David Chandler and Greg Frost, “Hockfield, Obama Urge Major Push in Clean Energy Research Funding,” *MIT Tech Talk* 53, no. 20 (2009): 1-8.

p.66 標準的なバッテリーの製造過程：J. B. Dunn et al., “Material and Energy Flows in the Materials Production, Assembly, and End-of-Life Stages of the Automotive Lithium-Ion Battery Life Cycle,” *Argonne National Laboratory Energy Systems Division* (2012), http://doi.org/10.1017/CBO9781107415324.004.

p.66 約150～200キログラムの二酸化炭素に相当：Mia Romare and Lisbeth Dahllof, “The Life Cycle Energy Consumption and Greenhouse Gas Emissions from Lithium-Ion Batteries and Batteries for Light-Duty Vehicles,” IVL Swedish Environmental Research Institute Report C 243, 2017.

p.67 世界の原油生産量が2倍以上に増えた：Energy Information Administration Office of Energy Markets and End Use, *Annual Energy Review 2006* (2007), http://doi.org/DOE/EIA-0384(2006).

◉‖3‖ 浄水革命▶ タンパク質マシンを水フィルターに

p.68 ピーター・アグレは思いがけず、水に関する私たちの考え方を一新するような発見をした：Peter Agre, “The Aquaporin Water Channels,” *Proceedings of the American Thoracic Society* 3 (2006): 5-13, http://doi.org/10.1513/pats.200510-109JH.

p.68 Rh血液型不適合の原因タンパク質:P. Agre and J. P. Cartron, “Molecular Biology of the Rh Antigens,” *Blood* 78, no. 3 (1991): 551-63; Neil D. Avent and Marion E. Reid, “The Rh Blood Group System: A Review,” *Blood* 95, no. 2 (2000): 375-87.

p.69 古典的な手法に従い：Peter Agre et al., “Purification and Partial Characterization of the Mr 30,000 Integral Membrane Protein Associated with the Erythrocyte Rh(D) Antigen,” *Journal of Biological Chemistry* 262, no. 36 (1987): 17497-503; A. M. Saboori, B. L. Smith, and P. Agre, “Polymorphism in the Mr 32,000 Rh Protein Purified from

Rh(D)-Positive and -Negative Erythrocytes," *Proceedings of the National Academy of Sciences of the United States of America* 85, no. 11 (1988): 4042-45, http://doi.org/10.1073/pnas.85.11.4042.

p.70 2003年のノーベル化学賞：Peter Agre, "Aquaporin Water Channels: Nobel Lecture," 2003.

p.70 人体の50パーセント以上は水：H. H. Mitchell et al., "The Chemical Composition of the Adult Human Body and Its Bearing on the Biochemistry of Growth," *Journal of Biological Chemistry* 158 (1945): 625-37; ZiMian Wang et al., "Hydration of Fat-Free Body Mass: Review and Critique of a Classic Body-Composition Constant," *American Journal of Clinical Nutrition* 69 (1999): 833-841.

p.70 3垓（3×10の20乗）ガロン（約11.4×10の20乗リットル）：USGS Water Science School, "How Much Water Is There on, in, and above the Earth?" Last modified December 2, 2016, http://water.usgs.gov/edu/earthhowmuch.html.

p.70 95パーセント以上――は塩辛い海水：USGS Water Science School, "The World's Water." Last modified December 2, 2016, http://water.usgs.gov/edu/earthwherewater.html.

p.70 10億人を超える人々が飲料水を飲むことができず：WWAP (United Nations World Water Assessment Programme), *The United Nations World Water Development Report 2015: Water for a Sustainable World* (Paris:UNESCO, 2015). WWAP（世界水アセスメント計画）『国連世界水発展報告書2015』（ユネスコパブリッシング）

p.71 海水や汚染水を浄化すればいい：Quirin Schiermeier, "Water: Purification with a Pinch of Salt," *Nature* 452, no. 7185 (2008): 260-61, http://doi.org/10.1038/452260a; Peter Gleick, "Why Don't We Get Our Drinking Water from the Ocean by Taking the Salt out of Seawater?," *Scientific American* Special Report: Confronting a World Freshwater Crisis (July 23, 2008); Ben Corry, "Designing Carbon Nanotube Membranes for Efficient Water Desalination," *Journal of Physical Chemistry B* 112, no. 5 (2008): 1427-34, http://doi.org/10.1021/jp709845u.

p.71 古代エジプトの壁画：George E. Symons, "Water Treatment through the Ages," *American Water Works Association* 98, no. 3 (2006): 87-97; Manish Kumar, Tyler Culp, and Yuexiao Shen, "Water Desalination: History, Advances, and Challenges," *The Bridge: Linking Engineering and Society* 46, no. 4 (2016): 21-29, http://doi.org/10.17226/24906.

p.71 アリストテレスは蒸留による浄水について書いている：Aristotle, *Meteorology*, trans. E. W. Webster. 350 BCE. Available at http://classics.mit.edu/Aristotle/meteorology.1.i.html.

p.71 蒸留と濾過による浄水：James E. Miller, "Review of Water Resources and Desalination Technologies," *SAND Report* (2003): 1-54, http://

doi.org/SAND 2003-0800; T. M. Mayer, P. V. Brady, and R. T. Cygan, "Nanotechnology Applications to Desalination: A Report for the Joint Water Reuse and Desalination Task Force," *Sandia Report* (2011): 1-34; Muhammad Wakil Shahzad et al., "Energy-Water-Environment Nexus Underpinning Future Desalination Sustainability," *Desalination* 413 (2017): 52-64, http://doi.org/10.1016/j.desal.2017.03.009.

p.71 1992年のピーター・アグレの発見：Gregory M. Preston et al., "Appearance of Water Channels in Xenopus Oocytes Expressing Red Cell CHIP28 Protein," *Science* 256 (1992): 385?87, http://doi.org/http://science.sciencemag.org/content/256/5055/385.

p.71 1988年、アグレは新規の赤血球細胞タンパク質を同定したことを報告する論文を発表した：B. M. Denker et al., "Identification, Purification, and Partial Characterization of a Novel Mr 28,000 Integral Membrane Protein from Erythrocytes and Renal Tubules," *Journal of Biological Chemistry* 263, no. 30 (1988): 15634-42; M. P. De Vetten and P. Agre, "The Rh Polypeptide Is a Major Fatty Acid-Acylated Erythrocyte Membrane Protein," *Journal of Biological Chemistry* 263, no. 34 (1988): 18193-96.

p.72 血液科と腫瘍科の臨床医であるパーカー：Peter Agre, "Peter Agre—Biographical," in *Les Prix Nobel*, ed. Tore Frangsmyr (Stockholm: Nobel Foundation, 2004), http://www.nobelprize.org/nobel_prizes/chemistry/laureates/2003/agre-bio.html.

p.73 私たちの体を構成している約35兆個の細胞：Eva Bianconi et al., "An Estimation of the Number of Cells in the Human Body," *Annals of Human Biology* 40, no. 6 (2013): 463-71, http://doi.org/10.3109/03014460.2013.807878.

p.73 水専用のチャネルタンパク質が存在するにちがいないと理論立てる科学者もいた：Mario Parisi et al., "From Membrane Pores to Aquaporins: 50 Years Measuring Water Fluxes," *Journal of Biological Physics* 33, no. 5-6 (2007): 331-43, http://doi.org/10.1007/s10867-008-9064-5.

p.74 1991年にアグレがパーカーのもとを訪れた:Peter Agre et al., "Aquaporin Water Channels—From Atomic Structure to Clinical Medicine," *Journal of Physiology* 542, no. 1 (2002): 3-16, http://doi.org/10.1113/jphysiol.2002.020818.

p.74 他のフィルターを通過するときと同じように：G. Hummer, J. C. Rasaiah, and J. P. Noworyta, "Water Conduction through the Hydrophobic Channel of a Carbon Nanotube," *Nature* 414 (2001): 188-90.

p.75 アグレと同僚たちは、この謎のタンパク質をコードするDNA鎖を特定：G. M. Preston and P. Agre, "Isolation of the cDNA for Erythrocyte Integral Membrane Protein of 28 Kilodaltons: Member of an Ancient Channel Family," *Proceedings of the National Academy of Sciences* 88, no. 24 (1991): 11110-14, http://doi.org/10.1073/pnas.88.24.11110.

p.75 謎のタンパク質のRNAを1塊りのカエルの卵に注入する：Gregory M. Preston et al., "Appearance of Water Channels in Xenopus Oocytes Expressing Red Cell CHIP28 Protein," *Science* 256 (1992): 385-87, http://doi.org/http://science.sciencemag.org/content/256/5055/385.

p.76 彼はこのタンパク質を「アクアポリン」と名づけた：Peter Agre, Sei Sasaki, and Maarten J. Chrispeels, "Aquaporins: A Family of Water Channel Proteins," *Journal of Physiology* 265, no. 461 (1993): 92093; P. Agre et al., "Aquaporin CHIP: The Archetypal Molecular Water Channel," *American Journal of Physiology* 265 (1993): F463-76, http://doi.org/10.1085/jgp.79.5.791.

p.76 アクアポリンファミリーのタンパク質：Peter Agre, Dennis Brown, and Soren Nielsen, "Aquaporin Water Channels: Unanswered Questions and Unresolved Controversies," *Current Opinion in Cell Biology* 7, no. 4 (1995): 472-83, http://doi.org/10.1016/0955-0674(95)80003-4; Mario Borgnia et al., "Cellular and Molecular Biology of the Aquaporin Water Channels," *Annual Review of Biochemistry* 68 (1999): 425-58, http://doi.org/10.1177/154411130301400105.

p.77 アクアポリンチャネル――の構造：H. Sui et al., "Structural Basis of Water-Specific Transport through the AQP1 Water Channel," *Nature* 414, no. 6866 (2001): 872-78, http://doi.org/10.1038/414872a; Emad Tajkhorshid et al., "Control of the Selectivity of the Aquaporin Water Channel Family by Global Orientational Tuning," *Science* 296, no. 5567 (2002): 525-30, http://doi.org/10.1126/science.1067778; Dax Fu and Min Lu, "The Structural Basis of Water Permeation and Proton Exclusion in Aquaporins," *Molecular Membrane Biology* 24, no. 5-6 (2007): 366-74, http://doi.org/10.1080/09687680701446965.

p.77 タンパク質は、ビーズを連ねた紐のような構成をしている：B. Alberts et al., *Molecular Biology of the Cell*, 4th ed. (New York: Garland Science, 2002); The Shape and Structure of Proteins, http://www.ncbi.nlm.nih.gov/books/NBK26830/.

p.77 アミノ酸で構成された紐は、自然にくねくねと曲がりくねって折り畳まれ：K. Murata et al., "Structural Determinants of Water Permeation through Aquaporin-1," *Nature* 407, no. 6804 (2000): 599-605; G. Ren et al., "Visualization of a Water-Selective Pore by Electron Crystallography in Vitreous Ice," *Proceedings of the National Academy of Sciences of the United States of America* 98, no. 4 (2001): 1398-1403, http://doi.org/10.1073/pnas.98.4.1398; Boaz Ilan et al., "The Mechanism of Proton Exclusion in Aquaporin Channels," *Proteins: Structure, Function and Genetics* 55, no. 2 (2004): 223-28, http://doi.org/10.1002/prot.20038.

p.80 負電荷と正電荷が交互に配置され：Bert L. De Groot et al., "The Mechanism of Proton Exclusion in the Aquaporin-1 Water Channel,"

Journal of Molecular Biology 333, no. 2 (2003): 279-93, http://doi.org/10.1016/j.jmb.2003.08.003; Fangqiang Zhu, Emad Tajkhorshid, and Klaus Schulten, "Theory and Simulation of Water Permeation in Aquaporin1," *Biophysical Journa*l 86, no. 1 (2004): 50-57, http://doi.org/10.1016/S0006-3495(04)74082-5; Xuesong Li et al., "Nature Gives the Best Solution for Desalination: Aquaporin-Based Hollow Fiber Composite Membrane with Superior Performance," *Journal of Membrane Science* 494 (2015): 68-77, http://doi.org/10.1016/j.memsci.2015.07.040.

p.81 ほぼすべての生物にアクアポリンファミリーは存在する：Tamir Gonen and Thomas Walz, "The Structure of Aquaporins," *Quarterly Reviews of Biophysics* 39, no. 4 (2006): 361-96, http://doi.org/10.1017/S0033583506004458.

p.81 水以外の分子も通過させるものもある：D. Fu et al., "Structure of a Glycerol-Conducting Channel and the Basis for Its Selectivity," *Science* 290, no. 5491 (2000): 481-86, http://doi.org/10.1126/science.290.5491.481; B. L. De Groot and H. Grubmuller, "Water Permeation across Biological Membranes: Mechanism and Dynamics of Aquaporin-1 and GlpF," *Science* 294, no. 5550 (2001): 2353-57, http://doi.org/10.1126/science.1062459.

p.82 植物の根を通って水が輸送される過程：Huayu Sun et al., "The Bamboo Aquaporin Gene PeTIP4; 1-1 Confers Drought and Salinity Tolerance in Transgenic Arabidopsis," *Plant Cell Reports* 36, no. 4 (2017): 597- 609, http://doi.org/10.1007/s00299-017-2106-3.

p.82 腎臓で水が濾過される仕組み：Landon S. King, David Kozono, and Peter Agre, "From Structure to Disease: The Evolving Tale of Aquaporin Biology," *Nature Reviews Molecular Cell Biology* 5 (2004): 687-98.

p.83 地球の住民は2050年には95億人を超え：United Nations Department of Economic and Social Affairs Population Division, "World Urbanization Prospects: The 2018 Revision," 2018, http://population.un.org/wup/DataQuery.

p.84 私はデンマークにいるヘリックス・ニールセンを訪ねた：Helix-Nielsen, Claus and Peter Holme Jensen in discussion with the author, September 2017. 2017年9月のクラウス・ヘリックス・ニールセン、ピーター・ホルム・イェンセンとの談話より。

p.86 従来のシステムと同等レベルの「低コスト・高効率」を実現できる目算：C. Y. Tang et al., "Desalination by Biomimetic Aquaporin Membranes: Review of Status and Prospects," *Desalination* 308 (2013): 34-40, http://doi.org/10.1016/j.desal.2012.07.007; Mariusz Grzelakowski et al., "A Framework for Accurate Evaluation of the Promise of Aquaporin Based Biomimetic Membranes," *Journal of Membrane Science* 479 (2015): 223-31, http://doi.org/10.1016/j.memsci.2015.01.023.

p.86 赤血球細胞の直径は10マイクロメートル未満：M. Dao, C. T. Lim, and S. Suresh, “Mechanics of the Human Red Blood Cell Deformed by Optical Tweezers,” *Journal of the Mechanics and Physics of Solids* 51, no. 11-12 (2003): 2259-80, http://doi.org/10.1016/j.jmps.2003.09.019.

p.86 10セント硬貨の厚みほど：United States Mint, “Coin Specifications.” Last modified April 5, 2018, http://www.usmint.gov/learn/coin-and-medal-programs/coin-specifications.

p.86 20世紀の超大型新薬：Arne E. Brandstrom and Bo R. Lamm, Processes for the preparation of omeprazole and intermediates therefore, issued 1985, http://doi.org/US005485919A; Bruce D. Roth, Trans-6-2-(3- OR 4-Carboxamide-substituted pyrrol1-yl)alkyl-4-hydroxypyran-2-one inhibitors of cholesterol synthesis, issued 1987, http://doi.org/10.1016/j.(73); W. Sneader, “The Discovery of Aspirin” *Pharmaceutical Journal* 259, no. 6964 (1997): 614-17, http://doi.org/10.1136/bmj.321.7276.1591; Kay Brune, B. Renner, and G. Tiegs, “Acetaminophen/Paracetamol: A History of Errors, Failures and False Decisions,” *European Journal of Pain (United Kingdom)* 19, no. 7 (2015): 953-65, http://doi.org/10.1002/ejp.621.

p.87 インシュリンや成長ホルモンなど、タンパク質ベースの薬物：D. V. Goeddel et al., “Expression in Escherichia Coli of Chemically Synthesized Genes for Human Insulin,” *Proceedings of the National Academy of Sciences of the United States of America* 76, no. 1 (1979): 106-10, http://doi.org/10.1073/pnas.76.1.106; Henrik Dalboge et al., “A Novel Enzymatic Method for Production of Authentic HGH from an Escherichia Coli Produced HGH-Precursor,” *Nature Biotechnology* 5 (1987): 161-64; Mohamed N. Baeshen, “Production of Biopharmaceuticals in E. Coli: Current Scenario and Future Perspectives,” *Journal of Microbiology and Biotechnology* 25, no. 7 (2014): 1-24, http://doi.org/10.4014/jmb.1405.05052.

p.87 大腸菌は自然界でもとからアクアポリンを産生している：Giuseppe Calamita et al., “Molecular Cloning and Characterization of AqpZ, a Water Channel from Escherichia Coli,” *Journal of Biological Chemistry* 270, no. 49 (1995): 29063-66, http://doi.org/10.1074/jbc.270.49.29063.

p.89 細胞には、そのような欠陥タンパク質を修復したり取り替えたりする機構が備わっている：F. Ulrich Hartl, Andreas Bracher, and Manajit Hayer-Hartl, “Molecular Chaperones in Protein Folding and Proteostasis,” *Nature* 475, no. 7356 (2011): 324-32, http://doi.org/10.1038/nature10317.

p.89 皮膚細胞の寿命は1ヵ月未満：Gerald D. Weinstein and Eugene J. van Scott, “Autoradiographic Analysis of Turnover Times of Normal and Psoriatic Epidermis,” *Journal of Investigative Dermatology* 45, no. 4 (1965): 257-62, http://doi.org/10.1038/jid.1965.126.

p.89 消化器系の内壁を覆う細胞の寿命は1週間未満：H. J. Li et al., "Basic Helix-Loop-Helix Transcription Factors and Enteroendocrine Cell Differentiation," *Diabetes, Obesity and Metabolism* 13, Suppl 1, no. 2 (2011): 5-12, http://doi.org/10.1111/j.1463-1326.2011.01438.x.

p.89 赤血球細胞の寿命は約4ヵ月に及ぶため、アクアポリンもそれだけ長く安定性を維持できなければならない：David Shemin and D. Rittenberg, "The Life Span of the Human Red Blood Cell," *Journal of Biological Chemistry 166 (1946): 627-36.*

p.89 細胞膜から抽出し精製するために必要となる高温処理：Xuesong Li et al., "Preparation of High Performance Nanofiltration (NF) Membranes Incorporated with Aquaporin Z," *Journal of Membrane Science* 450 (2014): 181-88, http://doi.org/10.1016/j.memsci.2013.09.007.

p.89 化学処理にも耐えられる：Saren Qi et al., "Aquaporin-Based Biomimetic Reverse Osmosis Membranes: Stability and Long Term Performance," *Journal of Membrane Science* 508 (2016): 94-103, http://doi.org/10.1016/j.memsci.2016.02.013.

p.90 単離されたアクアポリンタンパク質をどうやって膜に組み入れるか：Yan Zhao et al., "Synthesis of Robust and High-Performance Aquaporin-Based Biomimetic Membranes by Interfacial Polymerization-Membrane Preparation and RO Performance Characterization," *Journal of Membrane Science* 423-424 (2012): 422-28, http://doi.org/10.1016/j.memsci.2012.08.039; Honglei Wang, Tai Shung Chung, and Yen Wah Tong, "Study on Water Transport through a Mechanically Robust Aquaporin Z Biomimetic Membrane," *Journal of Membrane Science* 445 (2013): 47-52, http://doi.org/10.1016/j.memsci.2013.05.057.

p.92 平面シートよりも安くて丈夫な小胞シート：Yang Zhao et al., "Effects of Proteoliposome Composition and Draw Solution Types on Separation Performance of Aquaporin-Based Proteoliposomes: Implications for Seawater Desalination Using Aquaporin-Based Biomimetic Membranes," *Environmental Science and Technology* 47, no. 3 (2013): 1496-1503, http://doi.org/10.1021/es304306t.

p.92 平らな細胞膜1枚：Honglei Wang, Tai Shung Chung, and Yen Wah Tong, "Study on Water Transport through a Mechanically Robust Aquaporin Z Biomimetic Membrane," *Journal of Membrane Science* 445 (2013): 47-52, http://doi.org/10.1016/j.memsci.2013.05.057; Chuyang Tang et al., "Biomimetic Aquaporin Membranes Coming of Age," *Desalination* 368 (2015): 89-105, http://doi.org/10.1016/j.desal.2015.04.026.

p.92 多孔質物質の層の上にアクアポリン小胞シートの層を形成する手法：Zhaolong Hu, James C. S. Ho, and Madhavan Nallani, "Synthetic (Polymer) Biology (Membrane): Functionalization of Polymer Scaffolds for Membrane Protein," *Current Opinion in Biotechnology* 46 (2017):

51-56, http://doi.org/10.1016/j.copbio.2016.10.012; Marta Espina Palanco et al., "Tuning Biomimetic Membrane Barrier Properties by Hydrocarbon, Cholesterol and Polymeric Additives," *Bioinspiration and Biomimetics* 13, no. 1 (2017): 1-11, http://doi.org/10.1088/1748-3190/aa92be.

p.94 デンマーク人宇宙飛行士らはアクアポリンA／S社の膜製品を使用："Aquaporin Inside Membranes Undergo Second Round of Test in Space," *Membrane Technology* (February 2017): 5-6, http://doi.org/10.1016/S0958-2118(17)30032-0; "Aquaporin Inside Membrane Testing in Space (AquaMembrane)," NASA International Space Station Research and Technology. Last modified October 4, 2017, http://www.nasa.gov/mission_pages/station/research/experiments/2156.html.

p.95 地球上の真水の約70パーセント：WWAP (United Nations World Water Assessment Programme), *The United Nations World Water Development Report 2015: Water for a Sustainable World* (Paris: UNESCO, 2015). WWAP（世界水アセスメント計画）『国連世界水発展報告書2015』（ユネスコパブリッシング）

◉‖4‖ 医療革命▶ がんを早期発見・治療できるナノ粒子

p.97「がんとの闘い」を開始：National Cancer Institute, "National Cancer Act of 1971." Last modified February 16, 2016, http://www.cancer.gov/about-nci/legislative/history/nationalcancer-act-1971; Eliot Marshall, "Cancer Research and the $90 Billion Metaphor," *Science* 331, no. 6024 (2011): 1540-41, http://doi.org/10.1126/science.331.6024.1540-a.

p.97 米国で60万人近く、世界中で800万人以上の人々：Rebecca L. Siegel, Kimberly D. Miller, and Ahmedin Jemal, "Cancer Statistics, 2018." *CA: A Cancer Journal for Clinicians* 68, no. 1 (2018): 7-30, http://doi.org/10.3322/caac.21442; National Cancer Institute, "Cancer Statistics." Last modified April 27, 2018, http://www.cancer.gov/about-cancer/understanding/statistics.

p.98 正常な細胞をがん細胞に変えることのできる遺伝子が、ラウス肉腫ウイルス（RSV）という鶏ウイルスで同定され：P. Rous, "A Transmissible Avian Neoplasm. (Sarcoma of the Common Fowl)," *Journal of Experimental Medicine* 12 (1910): 696-705, http://doi.org/10.1084/jem.12.5.696; P. Rous, "A Sarcoma of the Fowl Transmissible by an Agent Separable from the Tumor Cells," *Journal of Experimental Medicine* 13 (1911): 397-411, http://doi.org/10.1097/00000441-191108000-00079; Robin A. Weiss and Peter K. Vogt, "100 Years of Rous Sarcoma Virus," *Journal of Experimental Medicine* 208, no. 12 (2011): 2351-55, http://doi.org/10.1084/jem.20112160.

p.98 内因性の発生源から生じるがんもある：Marco A. Pierotti, Gabriella Sozzi, and Carlo M. Croce, "Discovery and Identification of Oncogenes,"

in *Holland-Frei Cancer Medicine*, ed. D. W. Kufe, R. E. Pollock, and R. R. Weichselbaum, 6th ed. (Hamilton: BC Decker, 2003); Peter K. Vogt, "Retroviral Oncogenes: A Historical Primer," *Nature Reviews Cancer* 12, no. 9 (2012): 639-48, http://doi.org/10.1038/nrc3320.Retroviral; Klaus Bister, "Discovery of Oncogenes: The Advent of Molecular Cancer Research," *Proceedings of the National Academy of Sciences* 112, no. 50 (2015): 15259-60, http://doi.org/10.1073/pnas.1521145112.

p.100 イマチニブはそのような異常タンパク質の活動を阻止する：Andrew Z. Wang, Robert Langer, and Omid C. Farokhzad, "Nanoparticle Delivery of Cancer Drugs," *Annual Review of Medicine* 63, no. 1 (2012): 185-98, http://doi.org/10.1146/annurev-med-040210-162544.

p.100 患者の5年生存率は、たったの約30パーセントから80パーセントを上回るまでになった：Andreas Hochhaus et al., "Long-Term Outcomes of Imatinib Treatment for Chronic Myeloid Leukemia," *New England Journal of Medicine* 376, no. 10 (2017): 917-27, http://doi.org/10.1056/NEJMoa1609324.

p.101 現在、すべてのがんの3分の1以上は予防可能：World Health Organization, "Cancer Prevention." Last modified 2018, http://www.who.int/cancer/prevention/en/

p.101 マンモグラフィ検査や結腸内視鏡検査：Sidney J. Winawer et al., "Colorectal Cancer Screening: Clinical Guidelines and Rationale: The Adenoma-Carcinoma Sequence," *Gastroenterology* 112 (1997): 594-642, http://doi.org/10.1053/GAST.1997.V112.AGAST970594; M. G. Marmot et al., "The Benefits and Harms of Breast Cancer Screening: An Independent Review," *British Journal of Cancer* 108, no. 11 (2013): 2205-40, http://doi.org/10.1038/bjc.2013.177.

p.101 乳がん患者の5年生存率：A. M. Noone et al., eds., SEER Cancer Statistics Review, 1975-2015, National Cancer Institute. Bethesda, MD, http://seer.cancer.gov/csr/1975_2015/, based on November 2017 SEER data submission, posted to the SEER website, April 2018; "Cancer Stat Facts: Female Breast Cancer," National Cancer Institute Surveillance, Epidemiology, and End Results Program. Last modified 2015, http://seer.cancer.gov/statfacts/html/breast.html.

p.101 結腸がん患者の5年生存率："Cancer Stat Facts: Colorectal Cancer," National Cancer Institute Surveillance, Epidemiology, and End Results Program. Last modified 2015, http://seer.cancer.gov/statfacts/html/colorect.html.

p.102 現在の標準的な画像診断検査：John V. Frangioni, "New Technologies for Human Cancer Imaging," *Journal of Clinical Oncology* 26, no. 24 (2008): 4012-21, http://doi.org/10.1200/JCO.2007.14.3065.

p.102 血液を用いたがん検査にも同じ難題がつきまとう：N. Lynn Henry and Daniel F. Hayes, "Cancer Biomarkers," *Molecular Oncology* 6, no. 2

(2012): 140-46, http://doi.org/10.1016/j.molonc.2012.01.010.
p.103 バティアは、がんをごく早期に検出できる見込みのある尿検査を考案した：Gabriel A. Kwong et al., “Mass-Encoded Synthetic Biomarkers for Multiplexed Urinary Monitoring of Disease,” *Nature Biotechnology* 31, no. 1 (2013): 63-70, http://doi.org/10.1038/nbt.2464.
p.103 現在の最新鋭の画像診断技術で検出できる最小の細胞塊のわずか 20 分の 1 の大きさの細胞塊も検出可能：Ester J. Kwon, Jaideep S. Dudani, and Sangeeta N. Bhatia, “Ultrasensitive TumourPenetrating Nanosensors of Protease Activity,” *Nature Biomedical Engineering* 1, no. 4 (2017), http://doi.org/10.1038/s41551-017-0054.
p.104 大学院時代の研究では、ヒト人工臓器をデザインするためにコンピューターチップの製造ツールを用いた：S. N. Bhatia et al., “Selective Adhesion of Hepatocytes on Patterned Surfaces,” *Annals of the New York Academy of Sciences* 745 (1994): 187-209, http://www3.interscience.wiley.com/journal/119271052/abstract%5Cnpapers://e7896fb4-5763-415a-bb1b-292b8a8ba273/Paper/p904.
p.104 生物医学的な問題の解決を得意とするナノテクノロジスト：Austin M. Derfus, Warren C. W. Chan, and Sangeeta N. Bhatia, “Probing the Cytotoxicity of Semiconductor Quantum Dots,” *Nano Letters* 4, no. 1 (2004): 11-18, http://doi.org/10.1021/nl0347334.
p.105 ナノ粒子とは、単純に、きわめて微小な物質のことだ：Jorg Kreuter, “Nanoparticles—A Historical Perspective,” *International Journal of Pharmaceutics* 331, no. 1 (2007): 1-10, http://doi.org/10.1016/j.ijpharm.2006.10.021.
p.105 酸化鉄は、磁気共鳴画像法（MRI）にとても役立つ物質：Saeid Zanganeh et al., “The Evolution of Iron Oxide Nanoparticles for Use in Biomedical MRI Applications,” *SM Journal Clinical and Medical Imaging* 2, no. 1 (2016): 1-11.
p.106 金のナノ粒子の見た目は金色ではなく赤色をしている：Florian J. Heiligtag and Markus Niederberger, “The Fascinating World of Nanoparticle Research,” *Materials Today* 16, no. 7-8 (2013): 262-71, http://doi.org/10.1016/j.mattod.2013.07.004.
p.106 古代ローマのガラス職人たちは期せずして金のナノ粒子を作り出し：Ian Freestone et al., “The Lycurgus Cup—A Roman Nanotechnology,” *Gold Bulletin* 40, no. 4 (2007): 270-77.
p.106 セレン化カドミウムは自然に大きな黒い結晶を形成する：Debasis Bera et al., “Quantum Dots and Their Multimodal Applications: A Review,” *Materials* 3, no. 4 (2010): 2260-2345, http://doi.org/10.3390/ma3042260.
p.106 歯磨き粉には殺菌の目的で銀ナノ粒子が配合されている：Jonas Junevi, Juozas Žilinskas, and Darius Gleiznys, “Antimicrobial Activity of Silver and Gold in Toothpastes: A Comparative Analysis,” *Stomatologija,*

Baltic Dental and Maxillofacial Journal 17, no. 1 (2015): 9-12.
p.106 酸化チタンナノ粒子と酸化亜鉛ナノ粒子は優れた日焼け防止作用があるため、日焼け止めクリームに配合されている：Florian J. Heiligtag and Markus Niederberger, “The Fascinating World of Nanoparticle Research,” *Materials Today* 16, no. 7-8 (2013): 262-71, http://doi.org/10.1016/j.mattod.2013.07.004.
p.108 化学者であり材料科学の研究者でもあるセイラー：Geoffrey Von Maltzahn et al., “Nanoparticle Self-Assembly Gated by Logical Proteolytic Triggers,” *Journal of the American Chemical Society* 129, no. 19 (2007): 6064-65, http://doi.org/10.1021/ja070461l; Ji Ho Park et al., “Magnetic Iron Oxide Nanoworms for Tumor Targeting and Imaging,” *Advanced Materials* 20, no. 9 (2008): 1630-35, http://doi.org/10.1002/adma.200800004.
p.108 ルースラーティは、現在はスタンフォード・バーナム研究所とカリフォルニア大学サンタバーバラ校を拠点に：M. E. Akerman et al., “Nanocrystal Targeting in Vivo,” *Proceedings of the National Academy of Sciences* 99, no. 20 (2002): 12617-21, http://doi.org/10.1073/pnas.152463399; Kazuki N. Sugahara et al., “Co-Administration of a Tumor-Penetrating Peptide Enhances the Efficacy of Cancer Drugs,” *Science* 328, no. 5981 (2010): 1031-35, http://doi.org/10.1126/science.1183057; Ester J. Kwon et al., “Porous Silicon Nanoparticle Delivery of Tandem Peptide Anti-Infectives for the Treatment of Pseudomonas Aeruginosa Lung Infections,” *Advanced Materials* 29, no. 35 (2017): 1-9, http://doi.org/10.1002/adma.201701527.
p.108 ナノ粒子クラスターを形成させなければならない：Todd J. Harris et al., “Proteolytic Actuation of Nanoparticle Self-Assembly,” *Angewandte Chemie—International Edition* 45, no. 19 (2006): 3161-65, http://doi.org/10.1002/anie.200600259.
p.109 ナノ粒子を2セット用意した：Todd J. Harris et al., “ProteaseTriggered Unveiling of Bioactive Nanoparticles,” *Small* 4, no. 9 (2008): 1307-12, http://doi.org/10.1002/smll.200701319.
p.111 何千種類もの酵素が存在：A. Bairoch, “The ENZYME Database in 2000,” *Nucleic Acids Research* 28, no. 1 (2000): 304-5, http://doi.org/10.1093/nar/28.1.304.
p.112 酵素によっては、1秒間に1000回、場合によっては1万回も切断できる：Arren Bar-Even et al., “The Moderately Efficient Enzyme: Evolutionary and Physicochemical Trends Shaping Enzyme Parameters,” *Biochemistry* 50, no. 21 (2011): 4402-10, http://doi.org/10.1021/bi2002289.
p.113 2006年、彼女の研究チームは培養細胞を用いた実験で酵素に媒介されたナノ粒子のクラスター形成に成功したことを報告した：Dmitri Simberg et al., “Biomimetic Amplification of Nanoparticle Homing to Tumors,”

Proceedings of the National Academy of Sciences 104, no. 3 (2007): 932-36, http://doi.org/10.1073/pnas.0610298104.
p.113 2009年には、ナノ粒子を組織特異的に送り届け、脾臓と骨髄の造影に使用できることを実証した：Todd J. Harris et al., “Tissue-Specific Gene Delivery via Nanoparticle Coating,” *Biomaterials* 31, no. 5 (2010): 998-1006, http://doi.org/10.1016/j.biomaterials.2009.10.012.
p.115 体内組織の壁や分子障壁：Elvin Blanco, Haifa Shen, and Mauro Ferrari, “Principles of Nanoparticle Design for Overcoming Biological Barriers to Drug Delivery,” *Nature Biotechnology* 33, no. 9 (2015): 941-51, http://doi.org/10.1038/nbt.3330.
p.116 予期せぬ蛍光シグナルが検出された：Andrew D. Warren et al., “Disease Detection by Ultrasensitive Quantification of Microdosed Synthetic Urinary Biomarkers,” *Journal of the American Chemical Society* 136 (2014): 13709-14, http://doi.org/10.1021/ja505676h; Simone Schuerle et al., “Magnetically Actuated Protease Sensors for in Vivo Tumor Profiling,” *Nano Letters* 16, no. 10 (2016): 6303-10, http://doi.org/10.1021/acs.nanolett.6b02670.
p.118 ごく早期のがんを診断できる：Jaideep S. Dudani et al., “Classification of Prostate Cancer Using a Protease Activity Nanosensor Library,” *Proceedings of the National Academy of Sciences* 115, no. 36 (2018): 8954-59, http://doi.org/10.1073/pnas.1805337115.
p.118 5ミリメートル以下の腫瘍でも検出できる：Gabriel A. Kwong et al., “Mathematical Framework for Activity-Based Cancer Biomarkers,” *Proceedings of the National Academy of Sciences* 112, no. 41 (2015): 12627-32, http://doi.org/10.1073/pnas.1506925112.
p.118 がんの種類によっては5ミリから1センチまで成長するのに何年もかかる可能性がある：Sharon S. Hori and Sanjiv S. Gambhir, “Mathematical Model Identifies Blood Biomarker-Based Early Cancer Detection Strategies and Limitations,” *Science Translational Medicine* 3, no. 109 (2011), http://doi.org/10.1126/scitranslmed.3003110.Mathematical.
p.118 市販用の尿検査の開発：A. D. Warren et al., “Point-of-Care Diagnostics for Noncommunicable Diseases Using Synthetic Urinary Biomarkers and Paper Microfluidics,” *Proceedings of the National Academy of Sciences* 111, no. 10 (2014): 3671-76, http://doi.org/10.1073/pnas.1314651111.
p.119 搭載された薬物を長時間にわたってゆっくりと放出するナノ粒子：Zhou J. Deng et al., “Layer-by-Layer Nanoparticles for Systemic Codelivery of an Anticancer Drug and SiRNA for Potential Triple-Negative Breast Cancer Treatment,” *ACS Nano* 7, no. 11 (2013): 9571-84, http://doi.org/10.1021/nn4047925; Erkki Ruoslahti, Sangeeta N. Bhatia, and Michael J. Sailor, “Targeting of Drugs and Nanoparticles to Tumors,” *Journal of Cell Biology* 188, no. 6 (2010): 759-68, http://doi.org/10.1083/jcb.200910104; Zvi Yaari et al., “Theranostic

Barcoded Nanoparticles for Personalized Cancer Medicine," *Nature Communications* 7 (2016), http://doi.org/10.1038/ncomms13325; Rong Tong et al., "Photoswitchable Nanoparticles for Triggered Tissue Penetration and Drug Delivery," *Journal of the American Chemical Society* 134, no. 21 (2012): 8848-55, http://doi.org/10.1021/ja211888a; Dan Peer et al., "Nanocarriers as an Emerging Platform for Cancer Therapy," *Nature Nanotechnology* 2, no. 12 (2007): 751-60, http://doi.org/10.1038/nnano.2007.387.

p.119 医療用の超音波検査とMRI検査の性能も高まっている：Melodi Javid Whitley et al., "A Mouse-Human Phase 1 Co-Clinical Trial of a Protease-Activated Fluorescent Probe for Imaging Cancer," *Science Translational Medicine* 8, no. 320 (2016): 4-6, http://doi.org/10.1126/scitranslmed.aad0293.

◉‖5‖ 身体革命▶ 脳を増強し身体の動きを取り戻す

p.120 絶壁をよじ登っているときに：Jim Ewing in discussion with the author, May 2018. 2018 年 5 月のジム・ユーイングとの談話より。

p.121 登山中の事故で両脚を失った：Eric Moskowitz, "The Prosthetic of the Future," *Boston Globe*, November 21, 2016, http://www.bostonglobe.com/metro/2016/11/21/the-prostheticfuture/Ld6C2rxZL4uiotc96kNyPO/story.html.

p.121 義足を作りはじめ：Hugh Herr in discussions with the author, 2006-2018. 2006 ～ 2018 年のヒュー・ハーとの談話より。

p.123 筋肉を直接活性化させるのは、運動ニューロンと呼ばれる神経細胞だ："Motor Neurons," *PubMed Health Glossary*, http://www.ncbi.nlm.nih.gov/pubmedhealth/PMHT0024358/; Andrew B. Schwartz, "Movement: How the Brain Communicates with the World," *Cell* 164, no. 6 (2016): 1122-35, http://doi.org/10.1016/j.cell.2016.02.038.

p.124 歩行に関する生物学を研究した：Hugh M. Herr and Alena M. Grabowski, "Bionic Ankle—Foot Prosthesis Normalizes Walking Gait for Persons with Leg Amputation," *Proceedings of the Royal Society B* 279 (2012): 457-64, http://doi.org/10.1098/rspb.2011.1194.

p.124 歩行中の人物が消費するエネルギーを生物学的な脚の場合と従来の受動的な義足の場合の両方について測定：Samuel K. Au, Jeff Weber, and Hugh Herr, "Powered Ankle—Foot Prosthesis Improves Walking Metabolic Economy," *IEEE Transactions on Robotics* 25, no. 1 (2009); Luke M. Mooney, Elliott J. Rouse, and Hugh M. Herr, "Autonomous Exoskeleton Reduces Metabolic Cost of Human Walking," *Journal of NeuroEngineering and Rehabilitation* 11, no. 1 (2014): 1-5, http://doi.org/10.1186/1743-0003-11-151.

p.127 私は義肢開発業界の先駆的企業の一角であるオズール（Ossur）社を訪問：Hildur Einarsdottir, Kim De Roy, and Magnus Oddsson in discussion

with the author, October 2017. 2017年10月のヒルドゥル・アイナルスドッティルとキム・デュ・ロイとの談話より。

p.135 脳損傷後の運動性の回復：Beata Jarosiewicz et al., "Virtual Typing by People with Tetraplegia Using a Self-Calibrating Intracortical Brain-Computer Interface," *Science Translational Medicine* 7, no. 313 (2015): 1-11; B. Wodlinger et al., "Ten-Dimensional Anthropomorphic Arm Control in a Human Brain-Machine Interface: Difficulties, Solutions, and Limitations," *Journal of Neural Engineering* 12, no. 1 (2015), http://doi.org/10.1088/1741-2560/12/1/016011; S. R. Soekadar et al., "Hybrid EEG/EOG-Based Brain/Neural Hand Exoskeleton Restores Fully Independent Daily Living Activities after Quadriplegia," *Science Robotics* 1 (2016): 1-8.

p.135 スイスのジュネーヴを訪れた：John Donoghue in discussion with the author, September 2017; 2017年9月のジョン・ドノヒューとの談話より。Jens Clausen et al., "Help, Hope, and Hype: Ethical Dimensions of Neuroprosthetics," *Science* 356, no. 6345 (2017): 1338-39.

p.136 脳が体の動きをどのように統制しているのかについて：D. Purves et al., eds., "The Primary Motor Cortex: Upper Motor Neurons That Initiate Complex Voluntary Movements," in *Neuroscience*, 2nd ed. (Sunderland, MA: Sinauer Associates, 2001), http://www.ncbi.nlm.nih.gov/books/NBK10962/.

p.137 PMCの各点は特定の筋肉や筋肉群ではなく、特定の動作に対応している：John P. Donoghue and Steven P. Wise, "The Motor Cortex of the Rat: Cytoarchitecture and Microstimulation Mapping," *Journal of Comparative Neurology* 212 (1982): 76-88; Shy Shoham et al., "Statistical Encoding Model for a Primary Motor Cortical Brain-Machine Interface," *IEEE Transactions on Biomedical Engineering* 52, no. 7 (2005): 1312-22; T. Aflalo et al., "Decoding Motor Imagery from the Posterior Parietal Cortex of a Tetraplegic Human," *Science* 348, no. 6237 (2015): 906-10, http://doi.org/10.7910/DVN/GJDUTV.

p.139 痛み、熱さ、冷たさ、腕や脚の位置や姿勢を知覚する：Sharlene N. Flesher et al., "Intracortical Microstimulation of Human Somatosensory Cortex," *Science Translational Medicine* 8 (2016): 1-11; Emily L. Graczyk et al., "The Neural Basis of Perceived Intensity in Natural and Artificial Touch," *Science Translational Medicine* 142 (2016): 1-11; Luke E. Osborn et al., "Prosthesis with Neuromorphic Multilayered E-Dermis Perceives Touch and Pain," *Science Robotics* 3 (2018): 1-11, http://doi.org/10.1126/scirobotics.aat3818.

p.141 大脳皮質内ブレイン・コンピューター・インターフェイス（iBCI）を開発した：John P. Donoghue, "Connecting Cortex to Machines: Recent Advances in Brain Interfaces," *Nature Neuroscience* 5, no. 11 (2002): 1085-88, http://doi.org/10.1038/nn947; Mijail D. Serruya et al., "Instant Neural

Control of a Movement Signal," *Nature* 416, no. 6877 (2002): 141-42, http://doi.org/10.1038/416141a; Vicki Brower, "When Mind Meets Machine," *EMBO Reports* 6, no. 2 (2005): 108-10.

p.141 iBCIの可能性を世に示した：Leigh R. Hochberg et al., "Neuronal Ensemble Control of Prosthetic Devices by a Human with Tetraplegia," *Nature* 442 (July 2006), http://doi.org/10.1038/nature04970.

p.142 脳卒中で首から下が麻痺したキャシーという名前の女性にiBCIを使用したところ、腕を動かすことを考えただけで、装着しているロボットアームを動かすことができたと論文で報告：Leigh R. Hochberg et al., "Reach and Grasp by People with Tetraplegia Using a Neurally Controlled Robotic Arm," *Nature* 485, no. 7398 (2012: 372-75, http://doi.org/10.1038/nature11076; Andrew Jackson, "Neuroscience: Brain-Controlled Robot Grabs Attention," *Nature* 485, no. 7398 (2012): 317-18, http://doi.org/10.1038/485317a.

p.142 研究チームは、ロボットアームを動かすことに成功したキャシーの姿をビデオで捉えていた："Paralyzed Woman Moves Robot with Her Mind," *Nature Video*. Last modified May 16, 2012, http://www.youtube.com/watch?v=ogBX18maUiM.

p.143 2017年、ドノヒューの研究チームはこのテクノロジーをさらに大きく進化させた：A. Bolu Ajiboye et al., "Restoration of Reaching and Grasping in a Person with Tetraplegia through Brain-Controlled Muscle Stimulation: A Proof-of-Concept Demonstration," *Lancet* 389 (2017): 1821-30, http://doi.org/10.1016/S0140-6736(17)30601-3; Clive Cookson, "Paralysed Man Regains Arm Movement Using Power of Thought," *Financial Times*, March 28, 2017, http://www.ft.com/content/1460d6e6-10c0-11e7-b030-768954394623; "Using Thought to Control Machines: Brain-Computer Interfaces May Change What It Means to Be Human," *The Economist*, January 4, 2018, http://www.economist.com/leaders/2018/01/04/using-thought-tocontrol-machines.

p.144 チップの1辺は、4ミリメートルほどだった：Leigh R. Hochberg et al., "Neuronal Ensemble Control of Prosthetic Devices by a Human with Tetraplegia," *Nature* 442 (July 2006), http://doi.org/10.1038/nature04970.

p.145 驚くべき新しいアイデアとしてブレイン・コンピューター・インターフェイスが語られるようになった1960年代後半以降：Karl Frank, "Some Approaches to the Technical Problem of Chronic Excitation of Peripheral Nerve" (speech), April 1968, Centennial Celebration of the American OtologicalSociety.

p.145 リー・ホッホバーグ博士は、次世代のワイヤレス機器は脳の活動を記録し、てんかんや双極性障害などにみられる異常パターンの発生を判読できるようになるだろうと想定している：Leigh Hochberg in discussion with the author, December 2017; Bob Tedeschi, "When Might Patients Use Their

Brains to Restore Movement? 'We All Want the Answer to Be Now,'" *STAT*, June 6, 2017, http://www.statnews.com/2017/06/02/braingate-movement-paralysis/
p.145 神経障害や精神疾患によって生活に支障を来している人々も普通の生活を取り戻せる：Chethan Pandarinath et al., "High Performance Communication by People with Paralysis Using an Intracortical Brain-Computer Interface," *ELIFE* 6 (2017): 1-27, http://doi.org/10.7554/eLife.18554.
p.146 関節周りで対をなす「主動筋」と「拮抗筋」を再び正常に対合させ：Lindsay M. Biga et al., eds., "Chapter 11: The Muscular System," in *Anatomy & Physiology* (Open Oregon State: Pressbooks.com, 2018), http://library.open.oregonstate.edu/aandp/chapter/11-1-describe-the-roles-ofagonists-antagonists-and-synergists/; Janne M. Hahne et al., "Simultaneous Control of Multiple Functions of Bionic Hand Prostheses: Performance and Robustness in End Users," *Science Robotics* 3 (2018): 1-9, http://doi.org/10.1126/scirobotics.aat3630.
p.146 ハーと同僚の外科医たちは切断手術の手順を考え直す必要があった：S. S. Srinivasan et al., "On Prosthetic Control: A Regenerative Agonist-Antagonist Myoneural Interface," *Science Robotics* 2, no. 6 (2017), http://doi.org/10.1126/scirobotics.aan2971.
p.147 機器のデザイン、コンピューターモデル化、実験的試験：Tyler R. Clites et al., "A Murine Model of a Novel Surgical Architecture for Proprioceptive Muscle Feedback and Its Potential Application to Control of Advanced Limb Prostheses," *Journal of Neural Engineering* 14 (2017).
p.147 新しい術式の手術を受ける最初の人間：Tyler R. Clites et al., "Proprioception from a Neurally Controlled Lower-Extremity Prosthesis," *Science Translational Medicine* 10, no. 443 (2018), http://doi.org/10.1126/scitranslmed.aap8373; Gideon Gil and Matthew Orr, "Pioneering Surgery Makes a Prosthetic Foot Feel Like the Real Thing," *STAT*, May 30, 2018, http://www.statnews.com/2018/05/30/pioneeringamputation-surgery-prosthetic-foot/.

◉‖6‖ 食料革命▶ 地球のすべての人々に食料を

p.150 750平方フィート（約70平方メートル）の「植物栽培ハウス」："The Bellwether Foundation Phenotyping Facility," Donald Danforth Plant Science Center, http://www.danforthcenter.org/scientists-research/core-technologies/phenotyping.
p.152 対象となる植物の遺伝学的データと表現型データ：Mao Li et al., "The Persistent Homology Mathematical Framework Provides Enhanced Genotypeto-Phenotype Associations for Plant Morphology," *Plant Physiology* 177 (2018): 1382-95, http://doi.org/10.1104/pp.18.00104.
p.152 表現型（phenotype）情報の全体を網羅的に扱う研究のことを「フェノミクス（phenomics）」という：Robert T. Furbank and Mark Tester, "Phenomics

—Technologies to Relieve the Phenotyping Bottleneck," *Trends in Plant Science* 16, no. 12 (2011): 635-44, http://doi.org/10.1016/j.tplants.2011.09.005; Daniel H. Chitwood and Christopher N. Topp, "Revealing Plant Cryptotypes: Defining Meaningful Phenotypes among Infinite Traits," *Current Opinion in Plant Biology* 24 (2015): 54-60, http://doi.org/10.1016/j.pbi.2015.01.009.

p.152 植物の発生と機能を司る遺伝子：Todd P. Michael and Scott Jackson, "The First 50 Plant Genomes," *The Plant Genome* 6, no. 2 (2013): 1-7, http://doi.org/10.3835/plantgenome2013.03.0001in.

p.153 2050年までに95億人に達すると推定されている：Nations Department of Economic and Social Affairs Population Division, "World Urbanization Prospects: The 2018 Revision," 2018, http://population.un.org/wup/DataQuery.

p.154 世界の作物生産量を現在のほぼ2倍に増やさなければならない：D. Tilman et al., "Global Food Demand and the Sustainable Intensification of Agriculture," *Proceedings of the National Academy of Sciences* 108, no. 50 (2011): 20260-64, http://doi.org/10.1073/pnas.1116437108.

p.154 発掘で得られた考古学的証拠：M. A. Zeder, "Domestication and Early Agriculture in the Mediterranean Basin: Origins, Diffusion, and Impact," *Proceedings of the National Academy of Sciences* 105, no. 33 (2008): 11597-604, http://doi.org/10.1073/pnas.0801317105; Iosif Lazaridis et al., "Genomic Insights into the Origin of Farming in the Ancient Near East," *Nature* 536, no. 7617 (2016): 419-24, http://doi.org/10.1038/nature19310.

p.154「遺伝子（gene）」という言葉が最初に用いられたのは1905年のことで：Nils Roll-Hansen, "The Holist Tradition in Twentieth-Century Genetics. Wilhelm Johannsen's Genotype Concept," *Journal of Physiology* 592, no. 11 (2014): 2431-38, http://doi.org/10.1113/jphysiol.2014.272120; W. Johannsen, "The Genotype Conception of Heredity," *International Journal of Epidemiology* 43, no. 4 (2014): 989-1000, http://doi.org/10.1093/ije/dyu063.

p.155 メンデルはこの驚くべき結論を1865年に発表した：Gregor Mendel, Versuche uber Plflanzenhybriden, trans. William Bateson, *Verhandlungen des naturforschenden Vereines in Brunn, Bd. IV fur das Jahr 1865*, Abhandlungen (1865): 3-47, http://www.mendelweb.org/Mendel.html; Daniel L. Hartl and Vitezslav Orel, "What Did Gregor Mendel Think He Discovered?" *Genetics* 131 (1992): 245-53, http://doi.org/10.1534/genetics.108.099762.

p.156 遺伝子の実体であるDNAの構造：Maclyn McCarty, "Discovering Genes Are Made of DNA," *Nature* 421 (2003): 406.

p.156 マイケル・ファラデーが電磁力について記述：S. Chatterjee, "Michael Faraday: Discovery of Electromagnetic Induction," *Resonance* 7 (March

2002): 35-45, http://doi.org/10.1007/BF02896306.

p.156 1897年にJ・J・トムソンが電磁力を生じさせる粒子として電子を発見： Joseph John Thomson, “XL. Cathode Rays,” *The London, Edinburgh, and Dublin Philosophical Magazine and Journal of Science* 44, no. 269 (1897): 293-316, http://doi.org/10.1080/14786449708621070.

p.156 水の細胞膜通過に関する動力学： P. Agre et al., “Aquaporin CHIP: The Archetypal Molecular Water Channel,” *American Journal of Physiology* 265 (1993): F463-76, http://doi.org/10.1085/jgp.79.5.791; Mario Parisi et al., “From Membrane Pores to Aquaporins: 50 Years Measuring Water Fluxes,” *Journal of Biological Physics* 33, no. 5-6 (2007): 331-43, http://doi.org/10.1007/s10867-008-9064-5.

p.156 メンデルの発見は、彼の存命中には十分に理解されず： Mauricio De Castro, “Johann Gregor Mendel: Paragon of Experimental Science,” *Molecular Genetics and Genomic Medicine* 4, no. 1 (2016): 3-8, http://doi.org/10.1002/mgg3.199.

p.158 フリードリッヒ・ミーシャーが血液細胞の細胞核から「ヌクレイン」と呼ばれる物質を単離： Ralf Dahm, “Friedrich Miescher and the Discovery of DNA,” *Developmental Biology* 278, no. 2 (2005): 274-88, http://doi.org/10.1016/j.ydbio.2004.11.028.

p.158 ジェイムズ・ワトソンとフランシス・クリックがDNAの分子構造モデルとして二重らせん構造を提唱： J. D. Watson and F. H. Crick, “Molecular Structure of Nucleic Acids: A Structure for Deoxyribose Nucleic Acid,” *Nature* 171, no. 4356 (1953): 737-38; Francis Crick, “Central Dogma of Molecular Biology,” *Nature* 227 (1970): 561-63.

p.159 DNAを植物細胞に導入する手法が確立され： R. T. Fraley et al., “Expression of Bacterial Genes in Plant Cells,” *Proceedings of the National Academy of Sciences* 80, no. 15 (1983): 4803-7, http://doi.org/10.1073/pnas.80.15.4803; P. Zambryski et al., “Ti Plasmid Vector for the Introduction of DNA into Plant Cells without Alteration of Their Normal Regeneration Capacity,” *EMBO Journal* 2, no. 12 (1983): 2143-50, http://doi.org/10.1002/J.1460-2075.1983.TB01715.X.

p.159 遺伝子操作によって害虫に耐性をもつタバコ： Mark Vaeck et al., “Transgenic Plants Protected from Insect Attack,” *Nature* 328, no. 6125 (1988): 33-37, http://doi.org/10.1038/328033a0.

p.159 トウモロコシ、小麦、米などの作物で収穫量の高い品種を開発： Elizabeth Nolan and Paulo Santos, “The Contribution of Genetic Modification to Changes in Corn Yield in the United States,” *American Journal of Agricultural Economics* 94, no. 5 (2012): 1171-88, http://doi.org/10.1093/ajae/aas069; Zhi Kang Li and Fan Zhang, “Rice Breeding in the Post-Genomics Era: From Concept to Practice,” *Current Opinion in Plant Biology* 16, no. 2 (2013): 261-69, http://doi.org/10.1016/j.pbi.2013.03.008.

p.159 効果のより高い肥料、灌漑システム、輪作技術、農耕の機械化による高効率化：Andrew Balmford, Rhys Green, and Ben Phalan, "Land for Food & Land for Nature?," *Daedalus* 144, no. 4 (2015): 57-75, http://doi.org/10.1162/DAED_a_00354.

p.159 作物の生産性は急上昇:Sun Ling Wang et al., "Agricultural Productivity Growth in the United States: Measurement, Trends and Drivers," United States Department of Agriculture Economic Research Service, 2015, http://www.ers.usda.gov/webdocs/publications/45387/53417_err189.pdf?v=42212.

p.159 1860年代から1930年代後半まで：United States Department of Agriculture National Agricultural Statistics Service, "Crop Production Historical Track Records (April 2017)," 2017, http://www.nass.usda.gov/Publications/Todays_Reports/reports/croptr17.pdf.

p.159 現在では1エーカーあたり150ブッシェルを常に上回っている：United States Department of Agriculture Economic Research Service, "Corn and Other Feed Grains: Background." Last modified May 15, 2018, http://www.ers.usda.gov/topics/crops/corn-and-other-feedgrains/background/.

p.160 依然として世界中で約8億人が食料不足に苦しみながら生活：Sean Sanders, ed., "Addressing Malnutrition to Improve Global Health," *Science* 346 (2014), http://doi.org/10.1126/science.346.6214.1247-d; FAO, IFAD, and WFP, *The State of Food Insecurity in the World 2014. Strengthening the enabling environment for food security and nutrition* (Rome: FAO, 2014), http://www.fao.org/3/a-i4030e.pdf.

p.160 5歳未満で餓死する小児の数は毎年300万人を超えている：United Nations Information Centre Canberra, "WHO Hunger Statistics," http://un.org.au/2014/05/14/who-hunger-statistics/.

p.160 立案者のなかでもとくに重要な人物であるノーマン・ボーローグ：Norman E. Borlaug, "The Green Revolution Revisited and the Road Ahead," in *Nobel Prize Symposium*, 2002, http://doi.org/10.1086/451354.

p.160 その酵素の産生を抑制する遺伝子を遺伝子組み換えによって挿入されたフレーバーセーバートマト：G. Bruening and J. M. Lyons, "The Case of the FLAVR SAVR Tomato," *California Agriculture* 54, no. 4 (2000).

p.161 害虫耐性と除草剤耐性をもたせるために遺伝子が組み換えられている：United States Department of Agriculture Economic Research Service, "Farm Practices & Management: Biotechnology Overview." Last modified January 11, 2018, http://www.ers.usda.gov/topics/farm-practices-management/biotechnology/.

p.161 全米科学アカデミーの最近の報告によれば："Genetically Engineered Crops: Experiences and Prospects," The National Academies Press, 2016, http://doi.org/10.17226/23395.

p.162 自閉症や統合失調症にかかりやすくなる原因になりうる遺伝子：Ryan K.

C. Yuen et al., "Whole Genome Sequencing Resource Identifies 18 New Candidate Genes for Autism Spectrum Disorder," *Nature Neuroscience* 20, no. 4 (2017): 602-11, http://doi.org/10.1038/nn.4524; Stephan Ripke et al., "Biological Insights from 108 Schizophrenia-Associated Genetic Loci," *Nature* 511, no. 7510 (2014): 421-27, http://doi.org/10.1038/nature13595; Aswin Sekar et al., "Schizophrenia Risk from Complex Variation of Complement Component 4," *Nature* 530, no. 7589 (2016): 177-83, http://doi.org/10.1038/nature16549.

p.162 トウモロコシなどの遺伝子組み換え作物：Mohamed A. Ibrahim et al., "Bacillus Thuringiensis: A Genomics and Proteomics Perspective," *Bioengineered Bugs* 1, no. 1 (2010): 31-50, http://doi.org/10.4161/bbug.1.1.10519.

p.162 綿や大豆でも、Btが組み込まれた遺伝子組み換え作物が広く栽培され：National Research Council of the National Academies, *Toward Sustainable Agricultural Systems in the 21st Century*, 2010, http://www.nap.edu/catalog/12832/toward-sustainable-agricultural-systems-in-the-21st-century.

p.163 除草剤耐性トウモロコシ（HTトウモロコシ）の畑：Luca Comai, Louvminia C. Sen, and David M. Stalker, "An Altered AroA Gene Product Confers Resistance to the Herbicide Glyphosate," *Science* 221 (1983): 370-71.

p.163 土壌を耕す作業の必要性を減らすことができる：Jon Entine and Rebecca Randall, "GMO Sustainability Advantage? Glyphosate Spurs No-Till Farming, Preserving Soil Carbon," Genetic Literacy Project, 2017, http://geneticliteracyproject.org/2017/05/05/gmo-sustainability-advantage-glyphosate-sparks-no-till-farming-preserving-soil-carbon/.

p.163 グリホサートの安全性に関する懸念：The National Academies Press, "Genetically Engineered Crops: Experiences and Prospects," 2016, http://doi.org/10.17226/23395.

p.163 ゴールデンライスとして知られる変異株：J. Madeleine Nash, "This Rice Could Save a Million Kids a Year," *Time Magazine*, July 31, 2000, 1-7, http://content.time.com/time/magazine/article/0,9171,997586-4,00.html; Ingo Potrykus, "The 'Golden Rice' Tale," *AgBioWorld*, 2011, http://www.agbioworld.org/biotech-info/topics/goldenrice/tale.html.

p.163 ビタミンA不足:J. H. Humphrey, K. P. West, and A. Sommer, "Vitamin A Deficiency and Attributable Mortality among Under-5-Year-Olds," *Bulletin of the World Health Organization* 70, no. 2 (1992): 225-32, http://www.pubmedcentral.nih.gov/articlerender.fcgi?artid=2393289&tool=pmcentrez&rendertype=abstract.

p.163 ゴールデンライスの安全性と恩恵：A. Alan Moghissi, Shiqian Pei, and Yinzuo Liu, "Golden Rice: Scientific, Regulatory and Public Information Processes of a Genetically Modified Organism," *Critical Reviews in*

Biotechnology 36, no. 3 (2016): 535-41, http://doi.org/10.3109/07388551.2014.993586; Janel M. Albaugh, "Golden Rice: Effectiveness and Safety, A Literature Review," *Honors Research Projects 382*, University of Akron, 2016, http://ideaexchange.uakron.edu/ honors_research_projects/382/.

p.164 オーストラリアとニュージーランドはゴールデンライスを承認した： Gary Scattergood, "Australia, New Zealand Approve Purchasing of GMO Golden Rice to Tackle Vitamin-A Deficiency in Asia," Genetic Literacy Project, 2018, http://geneticliteracyproject.org/2018/01/29/australia-new-zealand-approve-sale-gmo-golden-rice-effort-boost-fight-vitamin-deficiency-asia/.

p.164 安全性と経済的影響に関する懸念： Peggy G. Lemaux, "Genetically Engineered Plants and Foods: A Scientist's Analysis of the Issues (Part I)," *Annual Review of Plant Biology* 59, no. 1 (2008): 771-812, http://doi.org/10.1146/annurev.arplant.58.032806.103840; Wilhelm Klümper and Matin Qaim, "A Meta-Analysis of the Impacts of Genetically Modified Crops," *PLoS ONE* 9, no. 11 (2014), http://doi.org/10.1371/journal.pone.0111629; Mark Lynas, "How I Got Converted to G.M.O. Food," *New York Times*, April 25, 2015, http://www.nytimes.com/2015/04/25/opinion/sunday/how-i-got-converted-to-gmo-food.html; Mitch Daniels, "Avoiding GMOs Isn't Just Anti-Science. It's Immoral," *Washington Post*, December 27, 2017, http://www.washingtonpost.com/opinions/avoiding-gmos-isnt-just-anti-science-its-immoral/2017/12/27/fc773022-ea83-11e7-b698-91d4e35920a3_story.html?noredirect=on&utm_term=.ec447407b07d; Michael Gerson, "Are You Anti-GMO? Then You're Anti-Science, Too," *Washington Post*, May 3, 2018, http://www.washingtonpost.com/opinions/are-you-anti-gmo-then-youre-anti-science-too/2018/05/03/cb42c3ba-4ef4-11e8-af46-b1d6dc0d9bfe_story.html?utm_term=.0bc14d1df5c0.

p.165 農業の生産性に影響する複雑な形質： Wangxia Wang, Basia Vinocur, and Arie Altman, "Plant Responses to Drought, Salinity and Extreme Temperatures: Towards Genetic Engineering for Stress Tolerance," *Planta* 218, no. 1 (2003): 1-14, http://doi.org/10.1007/s00425-003-1105-5; Huayu Sun et al., "The Bamboo Aquaporin Gene PeTIP4;1-1 Confers Drought and Salinity Tolerance in Transgenic Arabidopsis," *Plant Cell Reports* 36, no. 4 (2017): 597-609, http://doi.org/10.1007/s00299-017-2106-3; Kathleen Greenham et al., "Temporal Network Analysis Identifies Early Physiological and Transcriptomic Indicators of Mild Drought in Brassica Rapa," *ELife* 6 (2017): 1-26, http://doi.org/10.7554/eLife.29655.

p.165 このプロセスは「高速フェノタイピング」として知られ： Andrade Sanchez, "Field-Based Phenomics for Plant Genetics Research," *Field Crops*

Research 133 (2012): 101-12, http://doi.org/10.1080/10643389.2012.728825; J. L. Araus and J. E. Cairns, "Field High-Throughput Phenotyping: The New Crop Breeding Frontier," *Trends in Plant Science* 19, no. 1 (2014): 52-61, http://doi.org/10.1016/j.tplants.2013.09.008; Noah Fahlgren et al., "A Versatile Phenotyping System and Analytics Platform Reveals Diverse Temporal Responses to Water Availability in Setaria," *Molecular Plant* 8, no. 10 (2015): 1520-35, http://doi.org/10.1016/j.molp.2015.06.005; Malia A. Gehan and Elizabeth A. Kellogg, "High-Throughput Phenotyping," *American Journal of Botany* 104, no. 4 (2017): 505-8, http://doi.org/10.3732/ajb.1700044; Jordan R. Ubbens and Ian Stavness, "Deep Plant Phenomics: A Deep Learning Platform for Complex Plant Phenotyping Tasks," *Frontiers in Plant Science* 8 (July 2017), http://doi.org/10.3389/fpls.2017.01190.

p.166 線虫耐性をもたせたければ、中国原産の野生大豆と交配させるとうまくいく可能性がある：Xue Zhao et al., "Loci and Candidate Genes Conferring Resistance to Soybean Cyst Nematode HG Type 2.5.7," *BMC Genomics* 18, no. 1 (2017): 1-10, http://doi.org/10.1186/s12864-017-3843-y.

p.166 4万種類に近いさまざまな遺伝子が混合され：Jeremy Schmutz et al., "Genome Sequence of the Palaeopolyploid Soybean," *Nature* 463, no. 7278 (2010): 178-83, http://doi.org/10.1038/nature08670.

p.167 20世紀を代表する偉大なトウモロコシ遺伝学者バーバラ・マクリントック：Barbara McClintock, "The Origin and Behavior of Mutable Loci in Maize," *Proceedings of the National Academy of Sciences* 36 (1950): 344-55; Barbara McClintock, "The Significance of Responses to the Genome to Challenge: Nobel Lecture," 1983, http://www.nobelprize.org/nobel_prizes/medicine/laureates/1983/mcclintock-lecture.html.

p.168 ドローンや衛星画像が活用され：John Wihbey, "Agricultural Drones May Change the Way We Farm," *Boston Globe*, August 23, 2015, http://www.bostonglobe.com/ideas/2015/08/22/agricultural-drones-change-way-farm/WTpOWMV9j4C7kchvbmPr4J/story.html; Steve Curwood and Nikhil Vadhavkar, "Drones Are the Future of Agriculture," *Living on Earth*, August 5, 2016, http://www.loe.org/shows/segments.html?programID=16-P13-00032&segmentID=5; G. Lobet, "Image Analysis in Plant Sciences: Publish Then Perish," *Trends in Plant Science* 22 (2017): 1-8, http://doi.org/10.1016/j.tplants.2017.05.002.

p.170「植物科学を通して人類のおかれた状況を改善する」："Improving the Human Condition through Plant Science," Donald Danforth Plant Science Center: Roots & Shoots Blog. Last modified January 6, 2015, http://www.danforthcenter.org/news-media/roots-shoots-blog/blog-item/improving-the-human-condition-through-plant-science.

p.170 ダンフォースセンターを訪れた私は、同センターの著名な研究員の1人であるエリザベス・ケロッグ博士に出迎えられた：Elizabeth Kellogg in

discussion with the author, October 2017. 2017年10月のエリザベス・ケロッグとの談話より。

p.170 シリアルの原料となる穀物やイネ科の類縁種の研究に捧げてきた： Elizabeth Kellogg, "Relationships of Cereal Crops and Other Grasses," *Proceedings of the National Academy of Sciences* 95, no. 5 (1998): 2005-10, http://doi.org/10.1073/pnas.95.5.2005.

p.170 穀物は、農業の歴史をさかのぼれる限りさかのぼった大昔から人類の栄養と文明を支えてきた： Carl Zimmer, "Where Did the First Farmers Live? Looking for Answers in DNA," *New York Times*, October 18, 2016, http://www.nytimes.com/2016/10/18/science/ancient-farmers-archaeology-dna.html.

p.172 ケロッグは私をセンター長のジム・カーリントン博士にひき合わせた： Jim Carrington in discussion with the author, October 2017. 2017年10月のジム・カーリントンとの談話より。

p.173 RNAを用いて植物の遺伝子発現を阻害する手法： Jia He et al., "Threshold-Dependent Repression of SPL Gene Expression by MiR156/MiR157 Controls Vegetative Phase Change in Arabidopsis Thaliana," *PLoS Genetics* 14, no. 4 (2018): 1-28, http://doi.org/10.1371/journal.pgen.1007337

p.173 金属疲労の検知に用いられるX線技術を活用： A. Tabb, K. E. Duncan, and C. N. Topp, "Segmenting Root Systems in X-Ray Computed Tomography Images Using Level Sets," 2018 IEEE Winter Conference on Applications of Computer Vision (WACV), Lake Tahoe, NV/CA, 586-595, http://doi.org/10.1109/wacv.2018.00070.

p.174 窒素需要の大部分は肥料中に含まれる外来の窒素で賄われている： National Research Council of the National Academies, *Toward Sustainable Agricultural Systems in the 21st Century*, 2010, http://www.nap.edu/catalog/12832/toward-sustainable-agricultural-systems-in-the-21st-century.

p.174 ダンフォースの科学者であるベッキー・バートとナイジェル・テイラーに連れられ： Becky Bart and Nigel Taylor in discussion with the author, October 2017. 2017年10月のベッキー・バートとナイジェル・テイラーとの談話より。

p.174 43の実験ステーションと大小さまざまな84の植物栽培室からなる複合施設である「植物栽培ハウス」： Donald Danforth Plant Science Center, "Campus: Donald Danforth Plant Science Center Facility," http://www.danforthcenter.org/about/campus.

p.175 干ばつの問題はこの先何年も、農業において最も深刻な課題になる可能性がある： Shujun Yang et al., "Narrowing down the Targets: Towards Successful Genetic Engineering of Drought-Tolerant Crops," *Molecular Plant* 3, no. 3 (2010): 469-90, http://doi.org/10.1093/mp/ssq016; Andrew Marshall, "Drought-Tolerant Varieties Begin Global March," *Nature Biotechnology* 32, no. 4 (2014): 308, http://doi.org/10.1038/

nbt.2875; Mark Cooper et al., "Breeding Drought-Tolerant Maize Hybrids for the US Corn-Belt: Discovery to Product," *Journal of Experimental Botany* 65, no. 21 (2014): 6191-94, http://doi.org/10.1093/jxb/eru064.

p.176 それに比べれば、非常に大きな改善だ：Elizabeth Kellogg in discussion with the author, April 2018. 2018年4月のエリザベス・ケロッグとの談話より。

p.176 その目的に合わせて、自分たちの手で「プラントCV（PlantCV）」と呼ばれるソフトウェアを作成：Malia A. Gehan et al., "PlantCV v2: Image Analysis Software for High-Throughput Plant Phenotyping," *PeerJ* 5 (2017): e4088, http://doi.org/10.7717/peerj.4088.

p.176 ダンフォースセンターのもう1人の著名な研究員であるトッド・モックラー：Todd Mockler in discussion with the author, October 2017. 2017年10月のトッド・モックラーとの談話より。

p.176 アリゾナ州マリコパに野外試験施設を開発する大規模コンソーシアム：United States Department of Agriculture, "Plant Physiology and Genetics Research: Maricopa, AZ," http://www.ars.usda.gov/pacific-west-area/maricopa-arizona/us-arid-land-agricultural-research-center/plant-physiologyand-genetics-research/.

p.176 プロジェクト名はTERRA-REF：Noah Fahlgren, Malia A. Gehan, and Ivan Baxter, "Lights, Camera, Action: High-Throughput Plant Phenotyping Is Ready for a Close-Up," *Current Opinion in Plant Biology* 24 (2015): 93-99, http://doi.org/10.1016/j.pbi.2015.02.006; Nadia Shakoor, Scott Lee, and Todd C. Mockler, "High-Throughput Phenotyping to Accelerate Crop Breeding and Monitoring of Diseases in the Field," *Current Opinion in Plant Biology* 38 (2017): 184-92, http://doi.org/10.1016/j.pbi.2017.05.006.

p.177 機械学習：Arti Singh et al., "Machine Learning for High-Throughput Stress Phenotyping in Plants," *Trends in Plant Science* 21, no. 2 (2016): 110-24, http://doi.org/10.1016/j.tplants.2015.10.015; Sotirios A. Tsaftaris, Massimo Minervini, and Hanno Scharr, "Machine Learning for Plant Phenotyping Needs Image Processing," *Trends in Plant Science* 21, no. 12 (2016): 989-91, http://doi.org/10.1016/j.tplants.2016.10.002; Pouria Sadeghi-Tehran et al., "Multi-Feature Machine Learning Model for Automatic Segmentation of Green Fractional Vegetation Cover for High-Throughput Field Phenotyping," *Plant Methods* 13, no. 1 (2017): 1-16, http://doi.org/10.1186/s13007-017-0253-8.

p.177 人工知能などの先進的なコンピューター技術：Frank Vinluan, "A.I.'s Role in Agriculture Comes into Focus with Imaging Analysis," *Xconomy*, May 2, 2017, http://www.xconomy.com/raleigh-durham/2017/05/02/a-i-srole-in-agriculture-comes-into-focus-with-imaging-analysis/.

p.178 米国農務省が発表した最近の報告：United States Department of

Agriculture, Economic Research Service using data from the National Agricultural Statistics Service, "June Agricultural Survey." Last updated July 12, 2017, http://www.ers.usda.gov/data-products/adoption-of-genetically-engineered-crops-in-theus.aspx.

p.178 米国内でトウモロコシおよび綿が作付けられた農地面積の90パーセント以上で：“Adoption of Genetically Engineered Cotton in the United States, by Trait, 2000-17,” http://www.ers.usda.gov/webdocs/charts/56323/biotechcotton.png?v=42565; “Adoption of Genetically Engineered Corn in the United States, by Trait, 2000-17,” http://www.ers.usda.gov/webdocs/charts/55237/biotechcorn.png?v=42565.

p.178 熱帯地域の5億人を超える人々にとって最も重要な主食：FAO and IFAD, *The World Cassava Economy* (Rome: International Fund for Agricultural Development and Food and Agriculture Organization of the United Nations, 2000), http://www.fao.org/docrep/009/x4007e/X4007E00.htm#TOC.

p.179 キャッサバ褐色条斑病（CBSD）という、昆虫によって伝播されるウイルス性の病気：“VIRCA Plus: Virus-Resistant and Nutritionally-Enhanced Cassava for Africa,” Donald Danforth Plant Science Center. Last modified November 2017, http://www.danforthcenter.org/scientists-research/research-institutes/institute-for-international-crop-improvement/crop-improvement-projects/virca-plus.

p.179 植物を遺伝子組み換えする：Donald Danforth Plant Science Center, “New Cassava Potential—VIRCA—Fact Sheet,” http://www.danforthcenter.org/scientists-research/research-institutes/institute-for-international-crop-improvement/crop-improvement-projects/virca.

p.180 東アフリカの農家は2023年には新しい変異株を無料で使用できる：Nigel Taylor in discussion with the author, April 2018. 2018年4月のナイジェル・テイラーとの談話より。

p.180 X線技術を用いて、根が地下で発達する様子を画像化：A. Bucksch et al., “Image-Based High-Throughput Field Phenotyping of Crop Roots,” *Plant Physiology* 166, no. 2 (2014): 470-86, http://doi.org/10.1104/pp.114.243519.

p.181 キャッサバの貯蔵根は、優れたカロリー源：Donald Danforth Plant Science Center, “VIRCA Plus: Virus-Resistant and Nutritionally-Enhanced Cassava for Africa.” Last modified November 2017, http://www.danforthcenter.org/scientists-research/research-institutes/institute-for-international-crop-improvement/crop-improvement-projects/virca-plus.

p.182 95億人を超える地球上のすべての人々：United Nations Department of Economic and Social Affairs Population Division, “World Urbanization Prospects: The 2018 Revision,” 2018, http://population.un.org/wup/DataQuery.

◉‖7‖ コンバージェンス2.0を加速せよ

p.183 カール・テイラー・コンプトンは、電子の発見40周年を祝し、「電子——その知的重要性と社会的重要性」という標題の記事を書いた：Karl T. Compton, "The Electron: Its Intellectual and Social Significance," *Nature* 139, no. 3510 (1937): 229-40.

p.183 トムソンはこの発見で1906年にノーベル賞を受賞した：J. J. Thomson, "Carriers of Negative Electricity," *Nobel Lecture*, 1906, https://www.nobelprize.org/nobel_prizes/physics/laureates/1906/thomson-lecture.html.

p.184 さらに小さな構成要素——クォークやグルーオン：Michael Riordan, "The Discovery of Quarks," *Science* 256 (1992): 1287-93; John Ellis, "The Discovery of the Gluon," *ArXiv*, 2014, http://arxiv.org/pdf/1409.4232.pdf.

p.185 原子核物理学の父：E. Rutherford, "LXXIX. The Scattering of α and β Particles by Matter and the Structure of the Atom," *Philosophical Magazine Series 6* 21, no. 125 (1911): 669-88, http://doi.org/10.1080/14786440508637080.

p.185「原子の状態を変化させて電力を引き出すなどという話はまったくの夢物語だ」：B. Cameron Reed, "A Compendium of Striking Manhattan Project Quotes," *History of Physics Newsletter* 13, no. 3 (2016): 8, http://doi.org/10.1016/j.chembiol.2011.05.005.

p.185 アイダホ国立研究所（INL）の高速増殖炉："Experimental Breeder Reactor-I," Idaho National Laboratory. Last modified February 8, 2012, http://www4vip.inl.gov/research/experimental-breeder-reactor-1/d/experimental-breeder-reactor-1.pdf.

p.185 英国大蔵大臣だったウィリアム・グラッドストーン：William Edward Hartpole Lecky, *Democracy and Liberty* (New York: Longmans, Green, and Co., 1899), http://oll.libertyfund.org/titles/1813.

p.187「コンバージェンス2.0」とも言うべきこの集約：P. Sharp, T. Jacks, and S. Hockfield, "Capitalizing on Convergence for Health Care," *Science* 352, no. 6293 (2016): 1522-23, http://doi.org/10.1126/science.aag2350; Phillip Sharp and Susan Hockfield, "Convergence: The Future of Health," *Science* 355, no. 6325 (2017): 589, http://doi.org/10.1126/science.aam8563.

p.187 ピーター・ホルム・イェンセン（第3章）は：Peter Holme Jensen in discussion with the author, September 2017. 2017年9月のピーター・ホルム・イェンセンとの談話より。

p.187 メタンをエチレン（ポリ袋、ペットボトル、プラスチック容器の主成分）に変える：Alexander H. Tullo, "Ethylene from Methane: Researchers Take a New Look at an Old Problem," *Chemical and Engineering News* 89, no. 3 (2011): 20-21.

p.188 大気中の二酸化炭素を回収し、回収した二酸化炭素を有用な工業製品や

商品：Ik Dong Choi, Jae Won Lee, and Yong Tae Kang, "CO_2 Capture/Separation Control by SiO_2 Nanoparticles and Surfactants," *Separation Science and Technology* 50, no. 5 (2015): 772-80, http://doi.org/10.1080/01496395.2014.965257; Alison E. Berman, "How Nanotech Will Lead to a Better Future for Us All," 2016, http://singularityhub.com/2016/08/12/how-nanotech-will-lead-to-a-better-future-for-usall/#sm.000f3rwrf13l3epptd91mp6z4gw9y.

p.188 表面にスプレーするだけで自浄作用：Ivan P. Parkin and Robert G. Palgrave, "Self-Cleaning Coatings," *Journal of Materials Chemistry* 15, no. 17 (2005): 1689-95, http://doi.org/10.1039/b412803f.

p.189 失業率は14％を上回っていて：Roosevelt Institute, "Roosevelt Recession." Last modified August 19, 2010, http://rooseveltinstitute.org/roosevelt-recession/.

p.190 1798年に英国の経済学者トマス・マルサスが人類の運命として『人口論』に記した悲観的な未来：Thomas Robert Malthus, "An Essay on the Principle of Population as It Affects the Future Improvement of Society," 1798. トマス・ロバート・マルサス『人口論』（斉藤悦則訳、光文社、ほか）

p.192「戦時中に科学を応用して得られた学びを平和な時代に応用すれば収益を生むことができる」：Vannevar Bush, "Science: The Endless Frontier, A Report to the President by Vannevar Bush, Director of the Office of Scientific Research and Development," Washington, DC, 1945, http://www.nsf.gov/od/lpa/nsf50/vbush1945.htm.

p.192 R&Dへの連邦政府の投資額：Mark Boroush, "U.S. R&D Increased by $20 Billion in 2015, to $495 Billion; Estimates for 2016 Indicate a Rise to $510 Billion," *NCSES InfoBrief*, 2017, http://www.nsf.gov/statistics/2018/nsf18306/nsf18306.pdf.

p.192 米国政府はR&Dへの投資を縮小：Stephen A. Merrill, "Righting the Research Imbalance," 2018.

p.193 民間慈善活動による基礎科学研究への出資額：The Science Philanthropy Alliance, "2016 Survey of Private Funding for Basic Research Summary Report," 2016, http://www.sciencephilanthropyalliance.org/wp-content/uploads/2017/02/Survey-of-Private-Funding-for-Basic-Research-Summary-021317.pdf.

p.194 米国科学振興協会（AAAS）の報告：AAAS, "R&D Budget and Policy Program: Research by Science and Engineering Discipline." Last modified September 2017, http://www.aaas.org/page/research-science-and-engineering-discipline.

p.194 1995年から2015年までの間に、多くの国：National Science Board, *Science and Engineering Indicators 2018, NSB-2018-1* (Alexandria, VA: National Science Foundation, 2018), http://www.nsf.gov/statistics/indicators/.

p.195 年間予算が約370億ドルだったNIHは：National Institutes of Health,

"Impact of NIH Research." Last modified May 1, 2018, http://www.nih.gov/about-nih/what-we-do/impact-nih-research/our-society.
p.195 米国人の平均寿命が1960年の70歳未満から2015年の78歳以上にまで延びた：The World Bank Group, "Life Expectancy at Birth, Total (Years)." Last modified 2017, http://data.worldbank.org/indicator/SP.DYN.LE00.IN?end=2015&locations=US&start=1960.
p.195 1990年に発足した「ヒトゲノム計画」：Francis S. Collins et al., "New Goals for the U.S. Human Genome Project: 1998-2003," *Science* 282, no. 5389 (1998): 682-89, http://doi.org/10.1126/science.282.5389.682.
p.196 ハエ、マウス、ヒトの最初のゲノムマップ：E. S. Lander et al., "Initial Sequencing and Analysis of the Human Genome," *Nature* 409, no. 6822 (2001): 860-921, http://doi.org/10.1038/35057062; J. C. Venter et al., "The Sequence of the Human Genome," *Science* 291, no. 5507 (2001): 1304-51, http://doi.org/10.1126/science.1058040; R. H. Waterston et al., "Initial Sequencing and Comparative Analysis of the Mouse Genome," *Nature* 420, no. 6915 (2002): 520-62, http://doi.org/10.1038/nature01262\rnature01262 [pii]. Mark D. Adams et al., "The Genome Sequence of Drosophila Melanogaster," *Science* 287 (2017): 2185-96.
p.196 がん、糖尿病、統合失調症などの原因遺伝子の候補：Yoshio Miki et al., "Strong Candidate for the Breast and Ovarian Cancer Susceptibility Gene BRCA1," *Science* 266, no. 5182 (1994): 66-71, http://doi.org/10.1126/science.7545954; Décio L. Eizirik et al., "The Human Pancreatic Islet Transcriptome: Expression of Candidate Genes for Type 1 Diabetes and the Impact of Pro-Inflammatory Cytokines," *PLoS Genetics* 8, no. 3 (2012), http://doi.org/10.1371/journal.pgen.1002552; Tiffany A. Greenwood et al., "Association Analysis of 94 Candidate Genes and Schizophrenia-Related Endophenotypes," *PLoS ONE* 7, no. 1 (2012), http://doi.org/10.1371/journal.pone.0029630.
p.196 ヒトゲノムの配列決定にかかる費用：National Human Genome Research Institute, "DNA Sequencing Costs: Data." Last modified April 25, 2018, http://www.genome.gov/sequencingcostsdata/.
p.196 国家ナノテク・イニシアティブ（NNI）：National Academies of Sciences, Engineering, and Medicine, *Triennial Review of the National Nanotechnology Initiative* (Washington, DC: National Academies Press, 2016), http://doi:10.17226/23603.
p.196「ブレイン（BRAIN：Brain Research through Advancing Innovative Neurotechnologies）イニシアティブ」：Cornelia I. Bargmann and William T. Newsome, "The Brain Research Through Advancing Innovative Neurotechnologies (BRAIN) Initiative and Neurology," *JAMA Neurology* 71, no. 6 (2014): 675-76, http://doi.org/10.1001/jamaneurol.2014.411.Conflict.
p.198 化学工学者ポーラ・ハモンド：Sarah L. Clark and Paula T. Hammond,

"Engineering the Microfabrication of Layer-by-Layer Thin Films," *Advanced Materials* 10, no. 18 (1998): 1515-19.

p.198 医師であり分子生物学者でもあるマイケル・ヤッフェ：Andrew E. H. Elia, Lewis C. Cantley, and Michael B. Yaffe, "Proteomic Screen Finds PSer/PThr-Binding Domain Localizing Plk1 to Mitotic Substrates," *Science* 299, no. 5610 (2003): 1228-31, http://doi.org/10.1126/science.1079079.

p.199 化学療法の有効性を増幅させる：Erik C. Dreaden et al., "Tumor-Targeted Synergistic Blockade of MAPK and PI3K from a Layer-by-Layer Nanoparticle," *Clinical Cancer Research* 21, no. 5 (2015): 4410-20, http://doi.org/10.1158/1078-0432.CCR-15-0013.

p.201 特許商標法修正法（通称「バイ・ドール法」）が制定された：David C. Mowery and Bhaven N. Sampat, "The Bayh-Dole Act of 1980 and University-Industry Technology Transfer: A Model for Other OECD Governments?" *Journal of Technology Transfer* 30, no. 1/2 (2005): 115-27, http://doi.org/10.1007/0-387-25022-0_18.

p.201 米国の大学組織に発行された特許件数：Ampere A. Tseng and Miroslav Raudensky, "Assessments of Technology Transfer Activities of US Universities and Associated Impact of Bayh-Dole Act," *Scientometrics* 101, no. 3 (2014): 1851-69, http://doi.org/10.1007/s11192-014-1404-6; National Science Board, Science and Engineering Indicators 2018, NSB-2018-1 (Alexandria, VA: National Science Foundation, 2018), http://www.nsf.gov/statistics/indicators/.

p.202 米国特許商標局の年次報告書でも常に上位に入る：U.S. Patent and Trademark Office Patent Technology Monitoring Team, U.S. Colleges and Universities—Utility Patent Grants, Calendar Years 1969-2012, 2012, http://www.uspto.gov/web/offices/ac/ido/oeip/taf/univ/univ_toc.htm.

p.205 ヘリックス・ニールセンは、アクアポリンA／S社の大口投資家だったデンマークおよび中国の公的機関と民間団体は、投資に対する見返りについて、かなり長期的な視野に立っていたのだと説明：Claus HelixNielsen in discussion with the author, September 2017. 2017年9月のクラウス・ヘリックス・ニールセンとの談話より。

p.205 フィンクが提案している。その提案とは：Larry Fink, "Larry Fink's Annual Letter to CEOs: A Sense of Purpose," Blackrock, 2017, http://www.blackrock.com/corporate/investor-relations/larry-fink-ceo-letter.

p.206 移民1世もしくは2世を創業者にもつ米国企業の成功例：Center for American Entrepreneurship, "Immigrant Founders of the 2017 Fortune 500," accessed June 18, 2018, http://startupsusa.org/fortune500/.

p.206 フォーチュン誌が選ぶ全米トップ企業500社（フォーチュン500）の半数近く：Leigh Buchanan, "Study: Nearly Half the Founders of America's Biggest Companies Are First- or Second-Generation Immigrants," *Inc.*, December 5, 2017, http://www.inc.com/leigh-buchanan/fortune-500-

immigrant-founders.html.

p.206 新卒者に占める外国出身者の割合も3分の1を優に超え：National Science Board, “Higher Education in Science and Engineering,” in *Science and Engineering Indicators 2018, 2.1-109* (Arlington, VA: National Science Foundation, 2018), http://www.nsf.gov/statistics/seind12/.

p.206 米国の大学院課程への外国からの入学者数：Nick Anderson, “Report Finds Fewer New International Students on U.S. College Campuses,” *Washington Post*, November 12, 2017, http://www.washingtonpost.com/local/education/report-finds-fewer-new-international-students-on-us-college-campuses/2017/11/12/5933fe02-c61d-11e7-aae0-cb18a8c29c65_story.html.

p.206 米国のカレッジおよび大学への外国からの入学者数：Hironao Okahana and Enyu Zhou, *International Graduate Applications and Enrollment: Fall 2017* (Washington, DC: Council of Graduate Schools, 2018).

p.206 2001年の同時多発テロ攻撃以来はじめて、減少した：Bianca Quilantan, “International Grad Students’ Interest in American Higher Ed Marks First Decline in 14 Years,” *Chronicle of Higher Education*, January 30, 2018, http://www.chronicle.com/article/International-Grad-Students-/242377.

p.207 世界人口が95億人を超えることが予想される：United Nations Department of Economic and Social Affairs Population Division, “World Urbanization Prospects: The 2018 Revision,” 2018, http://population.un.org/wup/DataQuery.

p.207 差し迫った危機から私たちを救えるかもしれない新しい可能性：Ted Nordhaus, “The Earth’s Carrying Capacity for Human Life Is Not Fixed,” *Aeon*, July 5, 2018, http://aeon.co/ideas/the-earths-carrying-capacity-for-human-life-is-not-fixed.

p.209 ノーベル賞を受賞した生物学者フィリップ・シャープ：Phillip A. Sharp, “Split Genes and RNA Splicing,” *Nobel Lectures*, 1993, http://www.nobelprize.org/nobel_prizes/medicine/laureates/1993/sharp-lecture.pdf.

解説

ＭＩＴ（マサチューセッツ工科大学）は、世界最高峰の理工系大学として知られる名門校だ。本書の著者スーザン・ホックフィールドは、ＭＩＴ初の女性学長（現・名誉学長）に就き、数々の改革を進めた。その根幹をなすのが「コンバージェンス2.0」であり、生物学と工学を集約する新たな潮流だ。21世紀はバイオの世紀と呼ばれるが、生命・自然と機械・人工が結ばれることにより、目を見張るテクノロジーが現れつつある。かつて物理学と工学の融合によるコンバージェンス1.0がエレクトロニクス＆デジタル革命によって私たちの生活を一変させたように、コンバージェンス2.0もまた世界を劇的に変えていくだろう。本書はその驚くべき成果を、ＭＩＴの活動を中心にレポートしたものだ。

著者が重視するのは単に新奇な研究ではない。私たち人類が直面するさまざまな分野（エネルギー、浄水、医療、身体、食料など）の難題をいかに解決するか——その具体的なツールをもたらす発想と成果こそ求められるのだ。たとえば、「ウイルスが育てるバッテリー（蓄電池）」。ＭＩＴのアンジェラ・ベルチャーは、自然を愛し、アワビの殻にも魅せられていた。その殻の形成を生物工学の視点で捉えることが、新たなバッテリーを生み出すヒントをもたらす。その基本は、M13バクテリオファージというウイルスの遺伝子を改変し、バッテリー構築に役立つ物質と結合させたものだ。この仕組みによるバッテリーなら、従来製品よりクリーンに作ることができ、しかも安価で効率もいい。すでにコイン電池は出来ているが、ベルチャーは車のダッシュボード型やドアパネル型のバッテリー開発を目論んでいる。

アクアポリンというタンパク質を利用した浄水テクノロジーもすごい。アクアポリンのチャネルは体内で水だけを細胞に出入りさせる。この性質を活かし、アクアポリンを膜シートに組み込んだ浄水フィルターを作るのだ。しかも、低コスト・高効率で大量に生産でき、また大量の水を処理できなければならない。さまざまな課題を乗り越え、この浄水フィルターはすでに製品化されている。

医療の分野でもめざましい成果が上がっている。たとえば、手軽な尿検査だけで、がん疾患の有無とその場所が特定できるという技術。これはがん細胞に遭遇したときにのみ反応するように合成されたナノ粒子をベースとしている。早期にがんを発見・診断できるだけでなく、薬剤を患部に送り届ける治療にも応用できる。

ほかにも本書では、脳とつながる画期的な義肢、食料危機に対応できる望ましい遺伝的形質をもつ植物変異株を迅速に見つけ出す高速フェノタイピングなどが紹介されている。

これらの技術はどれも人類が生命の叡智・独創性に学び、分野を超えた協力によって成し遂げられたものだ。読者は研究開発者たちの卓抜な発想とともに、そうしたアイデアを生み育てる開かれた環境がいかに大切かを知るだろう。国の投資、組織横断型の研究体制、教育システム、市場への道を開くインセンティブ・支援などなど——その意味でコンバージェンス2.0は、テクノロジー革命にとどまらない。未来を拓くためにどこへ向かうべきかを教えてくれる道標でもあるのだ。

本書出版プロデューサー　真柴隆弘

著者

スーザン・ホックフィールド Susan Hockfield

マサチューセッツ工科大学（MIT）の名誉学長、神経科学教授。MIT 初の女性学長に就き、同校の生物学と工学とのコンバージェンス（集約）を推進した。MIT のコーク統合がん研究所、エネルギーイニシアティブのメンバー。MIT スローン経営大学院のワーク＆オーガニゼーションスタディーズ共同教授でもある。マサチューセッツ州ケンブリッジに在住。

訳者

久保 尚子（くぼなおこ）

翻訳家。京都大学理学部卒業。同大学院理学研究科（分子生物学）修了。訳書にダニエル・M・デイヴィス『美しき免疫の力』、キャシー・オニール『あなたを支配し、社会を破壊する、AI・ビッグデータの罠』、ポール・ドーソン＆ブライアン・シェルドン『口に入れるな、感染する！』など。

生命機械が未来を変える
次に来るテクノロジー革命「コンバージェンス 2.0」の衝撃

2022 年 6 月 30 日　第 1 刷発行

著　者　スーザン・ホックフィールド
訳　者　久保 尚子
発行者　宮野尾 充晴
発　行　株式会社 インターシフト
〒 156-0042　東京都世田谷区羽根木 1-19-6
電話 03-3325-8637　FAX 03-3325-8307
www.intershift.jp/
発　売　合同出版 株式会社
〒 184-0001　東京都小金井市関野町 1-6-10
電話 042-401-2930　FAX 042-401-2931
www.godo-shuppan.co.jp/
印刷・製本　モリモト印刷
装丁　織沢 綾

カバー画像：PopTika © (Shutterstock.com)
本文図版：somersault1824 BVBA

Printed in Japan
ISBN 978-4-7726-9576-3　C0040　NDC400　188x130

★すぐそこにある、液体の魔法！

マーク・ミーオドヴニク　松井信彦訳　2200円＋税

Liquid 液体

この素晴らしく、不思議で、危ないもの

●不思議で、危ない、身近な液体の世界へようこそ！

体液から地球の芯を流れる液体金属まで、
石器時代の道具から最先端のラボオンチップ医療革命まで――
液体をめぐる人類の発見とイノベーションの物語。

……文明を進化させた接着剤／ボールペンは液体工学の天才が生んだ／
液体x結晶の「液晶」って？／飛行機のパワフルな燃料が爆発しないわけ／
呼吸できる液体＆人工血液／最高においしいコーヒー・紅茶とは？……

★ニューヨークタイムズ・ベストセラー＆年間ベストブック多数の
『人類を変えた素晴らしき10の材料』、待望の続刊！

「軽妙にして明晰、すごい才能だ」――ビル・ゲイツ

動物たちのナビゲーションの謎を解く　なぜ迷わずに道を見つけられるのか

デイビッド・バリー　熊谷玲美訳　2400円＋税

ときに数千キロ、数万キロも旅をする動物たち——なぜ身ひとつで広大な地球を渡っていけるのか？　動物ナビゲーションの世界的な科学者たちが、その謎を探究。とんでもなく凄いしくみが明かされる！　★年間ベストブックW受賞！

「神秘？　いや、これは奇跡だ！……超絶ハイレベルでむっちゃおもろい」——仲野徹「HONZ」

「自然の驚異に魅了された人なら必読の書だ」——『パブリッシャーズ・ウィークリー』

口に入れるな、感染する！　危ない微生物による健康リスクを科学が明かす

ポール・ドーソン、ブライアン・シェルドン　久保尚子訳　1800円＋税

床に落とした食べ物でも、すぐに拾えば大丈夫？　ドリンクに入れる氷・レモンから、どれだけ細菌が移る？……身近にひそむ見えない健康リスクが、数字で見える。★竹内薫さん、推薦！

「身近な感染リスクを厳密かつユーモラスに紹介」——竹内薫『日本経済新聞』

わたしは哺乳類です　母性から知能まで、進化の鍵はなにか

リアム・ドリュー　梅田智世訳　2600円＋税

哺乳類はどこから来て、どのようにわれわれの姿になったのか？　決定版・哺乳類入門！

「すべてのヒトが、自らの起源を知るために読んでおくべき1冊」――平山瑞穂『週刊朝日』

道を見つける力　人類はナビゲーションで進化した

M・R・オコナー　梅田智世訳　2700円＋税

GPSによって人類はなにを失うか？　脳のなかの時空間から、言語・物語の起源まで、ナビゲーションと進化をめぐる探究の旅へ。★岡本裕一朗、更科功、小川さやか、山本貴光さん絶賛！

「太古の人類が現代科学と結び付く……極めてエキサイティング」――岡本裕一朗『四国新聞』

「非常に面白かった……このテーマでこれほどの本を書く人がいるとは」――角幡唯介「twitter」

デジタルで読む脳X紙の本で読む脳　「深い読み」ができるバイリテラシーの脳を育てる

メアリアン・ウルフ　大田直子訳　2200円＋税

かけがえのない「読書脳」が失われる前に、新たな「バイリテラシー脳」をいかに育むか？「読む脳」科学の世界的リーダーによる画期的な提唱！　★立花隆、山本貴光、永江朗、藤田直哉さん絶賛！

「これからの時代は、この方向（バイリテラシー脳）で進む以外にない」――立花隆『週刊文春』

美味しい進化　食べ物と人類はどう進化してきたか

ジョナサン・シルバータウン　熊井ひろ美訳　2400円+税

料理の起源から、未来の食べ物まで。食べ物と人類はいかに進化してきたのか？　食が人類を変え、人類が食を変えた壮大な物語。書評、多数！　川端裕人、池内了、竹内薫さん絶賛！

「〝人為と自然〟の枠組みを揺り動かす」――川端裕人『週刊文春〜今週の必読』

「料理は秘儀の開拓史……進化と食の関係説いた快著」――池内了『週刊エコノミスト』

猫はこうして地球を征服した　人の脳からインターネット、生態系まで

アビゲイル・タッカー　西田美緒子訳　2200円+税

愛らしい猫にひそむ不思議なチカラ！　世界中のひとびとを魅了し、リアルもネットも席巻している秘密とは？　★全米ベストセラー★年間ベストブック&賞、多数！

「猫好きは必読！」――竹内薫『日本経済新聞〜目利きが選ぶ3冊』

もっと！　愛と創造、支配と進歩をもたらすドーパミンの最新脳科学

ダニエル・Z・リバーマン、マイケル・E・ロング　梅田智世訳　2100円+税

私たちを熱愛・冒険・創造・成功に駆り立て、人類の運命をも握るドーパミンとは？　書評、多数！

★養老孟司さん、激賞！「本書の内容は世間の一般常識とするに値する」〜『毎日新聞』